對不起…
ㄅ ㄆ
ㄇ ?
A
B ?
C

TOYS
對不起…

對不起…
ㄅㄆ
ㄇ?
A
B ?
C

TOYS
對不起…

光光老師專注力門診室

滿足生理發展，破解教養關卡，向分心說再見！

廖笙光（光光老師）——著
黃鼻子——插畫

緣起

孩子，帶我們認識新世界

奇威專注力教育中心執行長
廖笙光（光光老師）

我的工作就是「帶孩子」，但是不是在學校而是在醫院裡面。十七年的工作中，評估超過三千多個孩子。在協助爸爸媽媽的過程，常常有一種感覺，那就是爸爸媽媽很疼愛孩子，但卻不知道孩子的小腦袋瓜裡到底在想什麼。特別是當自己有孩子以後，這樣的感觸更加強烈。

我一直相信：「孩子是上天給予的禮物」，所以非常感謝家裡的大寶貝、小寶貝，讓我有許多親眼觀察的機會。帶著孩子長大的過程，其實我也跟著在學習，也跟著孩子一起成長。家裡有兩位相差一歲的寶貝，紮紮實實地教導我一課，那就是「今年的姐姐，就是明年的妹妹」。今年才在抱怨姐姐愛告狀，稱讚妹妹如何地乖巧。等到明年同一時間，你就會換成抱怨妹妹愛告狀，姐姐安靜的坐在那裡。這樣如此相似的情景，一而再再而三的發生，你會知道一件事——發展有一定的順序與歷程。

一歲愛黏人、兩歲說不要、三歲搶第一、四歲愛告狀等，零零總總的小問題，都是孩子發展必經的歷程，這不是爸爸媽媽努不努力的問題。即便你非常努力的防範，長大後還是會悄悄地跑出來，一個問題也不會錯過，因為這些都是發展必須經歷的「回家作業」。多一點用心，觀察與傾聽孩子的想法，當你愈了解孩子在想什麼，也就愈容易引導孩子，也不會誤會孩子在調皮搗蛋。

孩子行為後面都具有發展上的意義，即便像是小寶寶愛吃手、亂丟東西⋯⋯，背後都隱藏著階段發展的祕密。孩子透過日常生活中的練習，發展出良好的人際互動、學業學習、專注力。問題關鍵不是孩子乖不乖，而是我們夠不夠了解他的世界。我們已經太習慣上班，常常以為要坐著才能學習，所以要求孩子聽從指令；我們已經太習慣工作，常常把遊戲變成作業，所以限制孩子的創造力。結果現在孩子坐著的時間愈來愈長，卻也變得愈來愈不專心，最後大人還氣得要命。

不是孩子不配合，而是專注力這件事情，不是只看念書時專不專心，更要同時擁有四種能力。就像是孩子一看書就聽不到你說話，即便你叫了十幾次，還是在看書不理你。你覺得孩子是專心，還是不專心？在書桌前，最多只能練到視覺專注力，但是聽覺、動覺、情緒的專注力，卻是完全練習不到！不要責怪孩子不認真，也不要責怪孩子不聽話，而是要用孩子看世界的方式了解孩子，這樣才能給予他最正確的引導。請記得，孩子不是進入學校才開始學習專心，而是靠爸爸媽媽在成長的每一刻逐漸培養。

希望透過這本書，可以幫助你更加了解親親寶貝的行為與想法。孩子需要的不是責備，也不是寵愛，而是學會正確的方式。請運用我們大人的智慧，給予孩子適當的引導，讓孩子從小養成良好的習慣，自然就會變得專心又聽話。

請記得，孩子需要的不是爸爸媽媽無微不至的照顧，而是你細心的引導！

推薦序

孩子我懂你

親子天下嚴選部落客、寶血幼兒園園長
何翩翩

前幾天去一家親子餐廳和家人用餐，看到隔壁桌一家四口坐了下來，兩個孩子大概是一歲和三歲的年紀，一歲的弟弟坐在餐椅中，沒多久開始蠕動，並發出聲響甚至亂丟起桌上的餐具，坐在他身旁的爸爸只是定定的看著他，一直重複著：「安靜喔，不要吵喔！」想當然耳當然沒什麼作用，小男生只有愈來愈不耐煩，發出更大的噪音並更強烈蠕動著，我心想：「他已經坐不住了，怎麼不趕快抱起來去外面走走呢？」結束餐會的我，和家人離開了餐廳，心裡卻挺掛念那個小男生後來的狀況。

看完光光老師的大作，實在很佩服他可以非常細膩的點出孩子行為問題後種種的心理因素，孩子的哭鬧、撒謊、失禮……，當然常常會造成大人們抓狂、怒吼的反應，但如果你能了解這些負面行為背後傳遞的訊息，可能是情緒控制尚未成熟、想引起大人注意、身體不適沒睡飽、孩子發展正常現象等，也許就會願意深深吸口氣，接受孩子這些不可愛的時刻，幫助他一起找到問題真正的核心，陪伴與支持他突破關卡，進入成長的下一步。

我尤其喜歡光光老師關於「行為37：老是說不聽」這篇文章，當孩子老是說不聽時，身為大人的我們到底該怎麼教，怎麼責備孩子才不會有反效果？光光老師提醒我們「責備是為了解決問題，不是汙辱人」，不要淪為發洩情緒，不要老是翻舊帳罵個沒完，而是要給予孩子正面的方向。相信只要把握光光老師的這些原則，教好孩子就絕不是難事！

光光老師的專業度與臨床經驗在書中更是表露無疑，尤其是遊戲卡的設計，針對孩子不同的需求設計各式遊戲，相信是許多想要逃離3C魔掌，卻又苦於在公共場合常因孩子哭鬧，遭人白眼的父母們的救星。

理論與實用兼顧的好書，值得推薦與收藏！

推薦序

孩子行為的背後都有原因

親子共讀推廣者
愛小宜

嚴格說起來，光光老師是我育兒路上的貴人。孩子幼兒園老師，將彼此不認識的兩個人，透過光光老師前一本著作——《3步驟教出行為不脫序的孩子》，讓我們在孩子的行為世界裡結緣。

我的孩子進入幼兒園後，老師常向我反應他有容易分心、愛東摸西摸等專注力不集中的問題；喜歡擁抱同學的他，矛盾地不願意讓別人碰觸他的身體；有段時間，甚至每天回家都在抱怨小朋友弄他，同學間不小心的身體碰觸，在他認知裡都成了故意弄他的舉動。這樣的孩子，與我平時觀察全然不同。我家寶貝在家具有高度專注力，能長時間投入喜歡的事物當中；每天可以與我開心擁抱，分享生活裡發生的各種事物。

好奇怪啊，上了幼兒園的寶貝到底怎麼了？為什麼人際互動上會出現這麼多的小狀況？幼兒園老師推薦我閱讀光光老師的文章後，我才恍然大悟，原來孩子每個令大人不解的行為背後，都是有原因的。

光光老師的新作，讓我對孩子行為背後的原因，在既有的基礎知識之下，又有更深一層的認識。

孩子在學校裡坐不住又愛東摸西摸，先前即已知道是因為頸部張力反射未整合，書中「行為51：坐沒坐樣」一節裡，明確點出頸部張力反射若未被整合，在學習時有可能會出現坐不住的行為，這可能和幼時爬行經驗不足有關；在學校容易分心，可能伴有觸覺過度敏感，容易被外在風吹草動吸引，而出現分心現象。

「行為56：上課愛講話」中，則提到不愛被他人碰觸身體，有可能是感覺調節較弱，老師建議面對觸覺敏感的孩子，父母在家可以替他按摩（刷）身體，讓孩子接觸更多的觸覺刺激，降低他的敏感。我的孩子在使用觸覺刷三個月後，慢慢地真的較能接受同學們不經意地碰觸他的身體。

我家寶貝前庭覺刺激也不足，老師在「行為52：家有跳跳虎」單元中，也有深入的解說。讓我進一步理解孩子，原來他並不是坐不住，而是需要更大量的運動。原來這就是所謂「動靜皆宜」的真諦——先動得夠，才能靜得住。

愛孩子的家長、老師們，如果沒有理解（同理）這些行為背後的成因，我們是不是就會輕易地在孩子身上貼一張「難搞」或「教不聽」的標籤呢？

書中提出的六十個幼兒行為，很扎實且詳盡地為大人們解說「每個行為背後的原因」。若您和我一樣，正為孩子學習上的惱人小行為而困擾，誠摯向您推薦《光光老師專注力問診室》這本書，閱讀後您會跟我一樣，有種茅塞頓開的感受！

推薦序

教孩子之前要先懂孩子

展賦教育教養團隊執行長
趙介亭（綠豆粉圓爸）

我很喜歡閱讀光光老師的文章，搭配他手繪的插圖，讓我可以在輕鬆的心情下，吸收光光老師對於孩子的觀察與見解。

我常和父母分享：「教孩子之前要先懂孩子」，盡管每位孩子都有個體差異、都是獨一無二的，但從兒童發展的角度來看，我們不難發現有其脈絡可尋。孩子在不同階段，因為大腦、生理與心理的發展不同，進而產生不同的行為。身為父母的我們，若能具備兒童發展階段的認知，在面對孩子「出招」時，就能用更從容的態度接招。

光光老師的新書《光光老師專注力問診室》，第一部分「從生理發展，奠定專注力」，就依孩子的年齡分成四個階段：零至二歲、三至四歲、五至六歲以及六歲以上，每個時期整理出十個常見行為，提供父母明確、簡單、可行的具體策略，當父母破解孩子的行為密碼之後，就不會再感覺惱人或困擾了。

即使在同一個階段的孩子，也會因為個體的差異，而展現不同的樣貌。因此第二部分「專注力不足，遊戲來幫忙」，就以視覺、聽覺、體覺、情緒四個面向，讓父母從孩子的視野看懂孩子，很多時候孩子自己也被困住了，若父母能夠提供同理與協助，就能讓孩子跳出發展的困境而成長蛻變。

這本書還搭配「光光老師專注力親子互動遊戲卡」，每張卡片分別註明適合的年齡、感覺統合與專注力面向。孩子需要父母的陪玩與互動，有了這套遊戲卡，父母不再煩惱要和孩子玩什麼遊戲，無論在任何場所，都能夠有合適的遊戲與孩子互動。

在教養資訊如此紛雜的時代，父母更容易焦慮和煩惱，反而讓親子關係像是一條緊繃的鋼索，隨時都會斷裂。不如回歸初心，「讓孩子教我們如何教他」，從光光老師《光光老師專注力問診室》當中，理解孩子的發展，看懂孩子的行為，就能營造優質的幼年經驗，並建構共好的親子關係。

推薦序

行為背後，都具有發展上的意義

親職教育講師
魏瑋志（澤爸）

我們都是有了孩子之後，才開始學習怎麼當爸爸媽媽。滿心歡喜迎來新生命，大夥兒圍繞在新成員身邊，與他一起體驗人生中許多的第一次。陪他長大的路上，有歡欣處，也有煩惱時。當小寶貝開始出現我們無法預期（不理解）的行為，總是讓人特別心慌與擔憂。

育兒的過程中，你，是不是也有過相同煩惱？什麼方法都試過了，孩子還是一直哭？都跟他說東西很髒了，為什麼還堅持放進嘴巴裡？總是聽不見我在叫他，是不是耳朵不好？明明已告知過不可以做的事，為何還要不斷試探我的底線？玩一樣東西，總是只有三分鐘熱度？情緒管理是不是不佳，怎麼會一輪就大翻臉？

光光老師有一句話深深觸動我心，「孩子行為後面，都具有發展上的意義。」行為只是他們呈現出來的表象，唯有探索孩子行為背後的原因，才可以真正讀懂孩子心，理解孩子為什麼如此做。

為緩解爸爸媽媽們心中的無數困惑，光光老師新書《光光老師專注力問診室》因此而生，如同育兒聖經般存在。從各個年齡層，逐一解剖孩子分齡的發展與需求；從不同的感官，全面探求孩子各種知覺的行為與祕密。曾讓你興起過「為什麼」的各種孩子行為，在裡面統統可以得到解答。搭配文末關鍵的陪伴與引導，讓我們在孩子的行為世界裡，享受當爸爸媽媽的美好。

目錄

part 2

專注力不足，遊戲來幫忙

不知如何是好的教養關卡，抽絲剝繭分層說明，分析行為原因，提供共玩遊戲，改善專注力不集中。

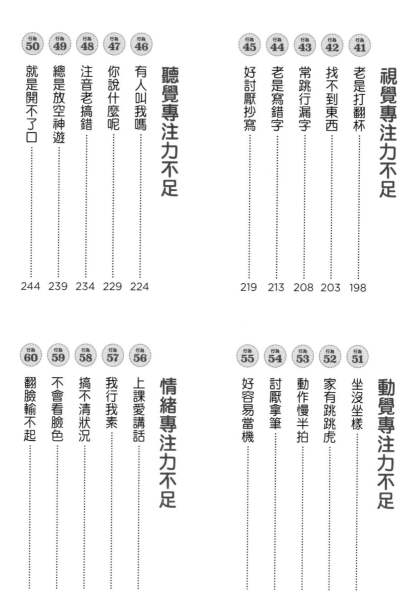

視覺專注力不足

聽覺專注力不足

動覺專注力不足

情緒專注力不足

Part

1

從生理發展 奠定專注力

專心，不是進入學校才開始學習，而是透過生活中的小細節培養出來。

專心，從小地方累積，打自嬰兒時期就開始練習。寶寶很黏人、爬來爬去、早睡早起，這些再熟悉不過的事情，都隱藏著孩子專心的小祕密。

寶寶黏人，在與你的互動中學會只要你一拿出東西，眼睛就立即盯著看；寶寶透過爬行，促進頸部張力反射整合，日後讀書才能坐好不亂動；寶寶睡眠週期，可以符合學校時刻表，才不會上課昏昏沉沉。專心就是這樣一點一滴累積出來。

專心，不是靠孩子長大就會好，而是要靠爸爸媽媽的培養。只是爸爸媽媽要記得，不要把孩子當大人一樣的對待。孩子不是一出生就準備好所有能力，而是在生活中逐漸累積慢慢發展出來。帶孩子不要急，按照「生理發展」的時間依序引導。

發展過程中，孩子常常會因為不熟練，而出現一些小困擾，請不要把「不專心」的大帽子扣在孩子身上。這不是孩子在搗蛋，也不是不配合，而是一個過渡階段。孩子需要的不是責備，也不是呵護，而是我們的理解。幫孩子想出解決問題的方式，培養出良好的習慣。

「了解孩子才能協助孩子」，打開書本，認識孩子行為背後的「四十個發展祕密」吧！

Part 1

專注發展

0～2歲

01 行為

寶寶哭不停

02 行為

寶寶吸手指

寶寶是天底下最可愛的，也最被需要照顧的。

微笑是寶寶最強大的武器，沒有人可以抗拒這可愛笑容的殺傷力。照顧寶寶不只是餵他吃奶奶、幫他換尿布、哄他睡覺而已，更重要的關鍵是抱起寶寶，看著他大大的眼睛，跟他溫柔的互動。透過眼神交流，才能拉近兩人之間心靈的距離，培養出良好的默契。

06 行為

寶寶丟玩具

07 行為

沒有時間觀

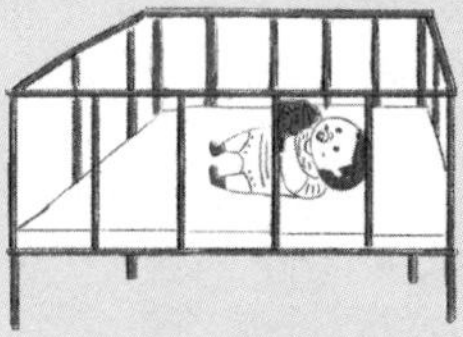

03

行為

寶寶不看書

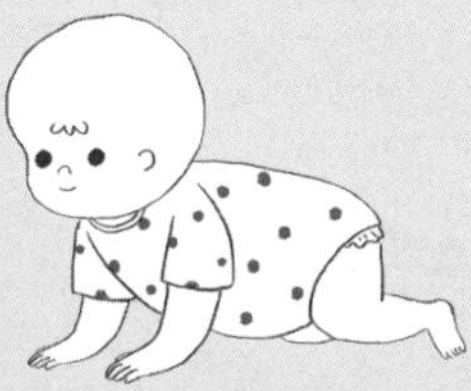

04

行為

寶寶亂亂爬

05

行為

寶寶好黏人

不要覺得，寶寶什麼都還不會，餵飽了就讓寶寶躺在床上，急急忙忙趕著做家事。這樣反而會錯過培養孩子專注力的最佳時機，你知道嗎，這時寶寶可是正要培養「共同性注意力」——當你拿出一個物品時，寶寶立即察覺，並且和你一起將注意力放在同一個事物上的能力喔！

多和寶寶互動，多跟寶寶說話，才能培養出寶寶的專注力喔！

08

行為

寶寶不分享

09

行為

寶寶耍賴皮

10

行為

太晚開口說

behavior 行為

01

寶寶哭不停

及早建立安全依附感，打下情緒專注力

小嬰兒的哭聲，最容易吸引大人的注意力，讓人興起憐愛之心，也同時帶出焦慮。這是人類與生俱來的天性，聽到嬰兒哭聲時，很自然地產生焦慮感，會不由自主地到處尋找哭聲的來源。但是小嬰兒一直哭鬧不停，往往會把大人給逼瘋，究竟是發生什麼事情，明明尿布換了，奶也餵了，也不停地哄著，還是哭個不停，頓時真有種「叫天天不應叫地地不靈」的無奈感湧上心頭。

抱著那小小的身體，更驚訝這樣柔弱又嬌小的嬰兒，為何能發出這樣巨大的聲響。那一聲聲的哭聲，直直穿透爸爸媽媽的心，好像是在抱怨大人沒有照顧好他一樣。

兩人四手忙得亂七八糟，小嬰兒就是不買帳，抱他也不是，放下來也不行，搞得爸爸媽媽焦頭爛額。

小嬰兒哭鬧是很正常的情況，出生後第四至六週是高峰期，一直要等到第六至八週才會漸漸減緩下來。這並非是爸爸媽媽做得不好，而是一個正常的歷程。小嬰兒和爸爸媽媽需要培養默契，不是一帶回家就會自動啟動乖巧模式。你要做的第一件事情，就是先照顧好自己，儲存好精力，才能應付接續而來的挑戰。絕大多數小嬰兒會哭鬧不停，往往是因為很想睡覺，卻又錯過睡覺時間，此時若又不巧肚子餓了，就會變成讓大人心慌的混亂。

請先放下你的愧疚感，千萬不要「用力地」搖晃小寶貝。他的頭頸還很柔弱，過度搖晃往往會導致腦部受到傷害。結果孩子安靜下來不是因為你的搖晃，而是被你搖到頭暈眼花，那可就麻煩了！

快快渡過寶貝哭鬧旺旺期

行動① 給自己五分鐘的緩衝

如果你已經試過所有的方法，還是沒有辦法安撫哭鬧的寶貝。這時最好的方式就是先將小寶貝放下，放在一個安全的嬰兒床上。在確定安全無虞的情況下，先關上房門，隔開令你崩潰的哭聲，讓自己休息五分鐘。小嬰兒想睡前是最容易鬧脾氣的，如果爸爸媽媽錯過小嬰兒釋出的想睡訊號（打哈欠、揉眼睛、瞇瞇眼之類），在又累又睡不著的情況之下，他就會哭鬧不止。當他大哭之後，會把瞌睡蟲全部趕跑，又要等到四十分鐘後才會進入第二次睡眠週期。小嬰兒一直都比大人還要「規律」，生活週期愈是規律，寶貝的行為愈好預期，也就愈好照顧。

行動② 母子心連心

小嬰兒的情緒跟你是串連在一起的，當你心情好、滿臉笑意時，小寶貝就會自然地對你微笑；當你疲勞到愁容滿面時，小寶貝不知道發生什麼事情，會不自覺跟著感到緊張，而開始哇哇大哭。你要做的第一件事，不是將所有的事情都攬在身上，而是照顧好自己。唯有你養精蓄銳，找回笑容之後，才能照顧好你的小寶貝。

行動③ 適時尋求神幫手

適時向有照顧嬰兒經驗的朋友們協助，他們的建議往往會有很大的幫助。你會發現，大家也都是在跌跌撞撞中，學習如何搞定這個可愛又可怕的小嬰兒。請不要覺得小嬰兒不是自己照顧，就是不及格的媽媽。沒有人可以工作二十四小時都不休息，當媽媽也是一樣的，總是需要有暫時喘息的時間。請親友幫忙照顧孩子，每週最少要有兩個小時的「小確幸時間」，好好的讓自己喘口氣吧！

爸爸媽媽這個人生新角色，大家都是在摸索與調整中學習和成長。遇到育兒挫折時，請先放下滿懷的愧疚感，記住「照顧好自己，就是照顧好孩子！」渡過磨合期後，不僅能幫助小寶貝建立依附信賴和安全感，還能為他未來的情緒專注力打下根基。

behavior 行為

02

寶寶吸手指

整合觸覺區辨覺察小手，提升未來運筆力

最近只要打開電視，一下子腸病毒，一下子流感，一大堆可怕的疾病新聞，讓爸爸媽媽增添許多焦慮。家裡的小寶貝老是拿了東西，就想放進嘴巴，真讓人擔心會不會生病。不管如何阻止寶寶，都沒有辦法制止他把東西往嘴裡放的行為，還是一直咬個不停，一下子咬手、一下子咬衣服，到底是為什麼呢？

兩歲以前，小寶貝喜歡把東西放到嘴巴裡，用嘴巴咬東西都是正常的行為，爸爸媽媽不用特別擔心。孩子的口慾期，大約是從兩個月到兩歲左右。口慾期與安全感的建立有關，小寶貝把東西放進嘴巴的動作，並不建議爸爸媽媽過度嚴格禁止，爸爸

媽媽要做的是幫他保持物品的清潔。

如果口慾期沒有被滿足，長大以後容易出現咬指甲、貪吃、潔癖等行為；個性上也會因為缺乏安全感，導致想法比悲觀，表現得比較退縮。所以爸爸媽媽要做的不是禁止寶寶吃手，而是提供乾淨而安全的環境。

寶寶愛吃手的原因

原因① 用嘴巴來探索

口腔是嬰兒觸覺最敏感的區域。新生兒時期，可以透過嘴巴來辨識形狀；兩歲前的小寶貝將物品、手指放到嘴巴裡面，最主要就是區辨物品的形狀。仔細觀察小寶貝，你會發現小寶貝不是一直固定吃一隻手指頭，而是每隻手指頭輪流吃，就像在探索手指頭一樣。等到十隻手指頭都認識完了，連腳趾頭都會拿來吃。這並不是小寶貝不愛乾淨，而是他在探索自己的身體。當寶貝探索完成後，自然就不會再吃手了。

原因② 長牙的不舒服

老一輩的智慧說「七坐、八爬、九發牙」，現在孩子的營養比較好，長牙的時間往往跟著提前。當小寶貝長牙時，牙齦會腫腫癢癢不舒服，這時小寶貝就會想要用力咬東西，透過按壓牙齦來緩解不舒服的感覺。看到什麼東西都會想要咬，甚至連爸爸媽媽的手都不放過。這時請不要阻止小寶貝將東西放到嘴巴，或是怪罪小寶貝脾氣壞，可以準備固齒器，讓小寶貝安心地咬，減緩長牙的不適感。

原因③ 吸吮獲得安慰

不論是吃奶嘴或吸手指，小寶貝都是透過吸吮的動作誘發「本體感覺」回饋。本體感覺的回饋，在被緊緊擁抱時也會出現。吸手指可以說是小寶貝在嘗試安慰自己的過程，讓自己感覺到被擁抱，讓心情漸漸回到平靜。在寶寶兩歲以前，排除語言發展上比較緩慢，通常我們都是不建議讓寶寶戒除奶嘴、吸手指等小行為。

寶寶愛吃手，不用大驚小怪；寶寶愛亂咬，也是很正常的情況。不需要刻意禁止，也不用特別鼓勵，而是幫寶寶準備好物品的清潔，這才是身為照顧者的我們最需要做的事情。

透過吃手指，寶寶學會察覺自己的手，整合觸覺區辨能力，打下日後運筆寫字時的專心基石。

另外提醒爸爸媽媽：「兩歲之前，小寶貝還不會區辨物品是否可以吃。」給予小寶貝的玩具一定要有安全標章，仔細檢查上面的小零件是否會脫落，避免小寶貝因誤食而發生危險。

behavior 行為

03

寶寶不看書
逐步延長共讀時間，培養閱讀專注力

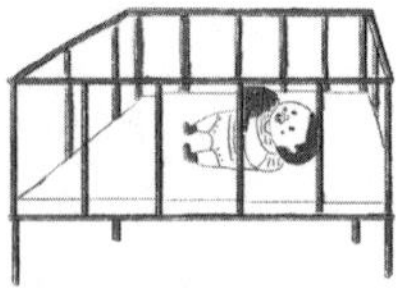

很多爸爸媽媽都想帶著孩子一起閱讀，在閱讀過程中，往往覺得小寶貝不夠配合也不專心，弄得親子閱讀好似一件苦差事。事實上，對於小寶貝來說，最好的閱讀角落，不是椅子，更不是沙發，而是父母的大腿；特別是年齡較小的小寶貝，爸爸的大腿更是他的寶座。

一天工作回來，小寶貝總是迫不及待的奔向你撒嬌，甚至是抱著你的大腿往上爬。適時給予鼓勵與擁抱，對小寶貝而言就是最大的獎勵。抱著小寶貝坐在沙發上，你通常都是在做什麼事情呢？依然使用手機處理工作事務？還是放鬆地看著電視？

當你抱著小寶貝陪他一起做的事情，將是小寶貝以後最喜歡做的事情，因為這個經驗會深深地烙印在他小小腦海中。

小寶貝再聰明，畢竟還只是個孩子，無法分辨情境，只會模仿動作。如果你抱著小寶貝同時使用手機，他或許不一定懂得你正忙於公事，但一定會學會如何使用手機；如果你陪著他一起看電視，他不一定能理解你工作勞累，但一定會學會坐在電視前面。請在沙發旁邊放上一本小寶貝和你在一起時，可以共同閱讀的小書吧！

從小開始，陪著孩子一起閱讀

共讀① 閱讀不是與生俱來

閱讀不是與生俱來的，也不會自己發展出來，而是需要爸爸媽媽的引導。帶著小寶貝一起閱讀，愈小愈容易成功，建議一歲以後，就可以慢慢開始培養。讓小寶貝每天在固定的時間，跟著爸爸媽媽一起看書。小寶貝長大後自然就會習慣，每天都要拿起書本，也就愛上閱讀。

共讀② 讓閱讀與疼愛連結

抱著小寶貝和你一起讀書，讓他將閱讀與喜悅的心情做一個良好連結，很自然地小寶貝就會漸漸愛上閱讀。請不要將親子閱讀當作是一項工作，而是放鬆心情自然地拿起手邊的書籍、繪本，念給小寶貝聽，指圖片給小寶貝看，很快地小寶貝就會主動拿書過來找你一起讀了。

共讀③ 先讓孩子喜歡書本

閱讀的第一個工作，不是學會知識，而是愛上書本。一歲半以前，手指動作和力量控制還沒成熟，常常會將紙張撕破，這時千萬不要責備小寶貝，書本破了就破了，沒有什麼大不了的。如果擔心小寶貝養成撕書的壞習慣，可以事先準備布書或厚紙書，以免小寶貝不小心撕破。此時若是責備，很容易讓小寶貝產生閱讀時會膽戰心驚的負面連結，擔心爸爸媽媽不知道哪時會罵人。在這種不安的情境下，又如何讓小寶貝喜歡上書本呢？

人與書並不是天生互相吸引的，一開始必須要有一個橋梁媒介。如果期待小寶貝愛上閱讀，取決的關鍵並非是小寶貝就讀的學校，也不是老師提供的教材，而是爸爸媽媽從小的引導。

寶寶可不可以靜下來看書，關鍵在於爸爸媽媽的陪伴，逐漸延長共讀的持續時間，就是在培養寶寶的專注力。

爸爸的大腿是小寶貝最好的閱讀寶座，此刻請立即抱起你的孩子，讓他坐在你的腿上一起閱讀吧！記得你的陪伴，將是孩子養成閱讀習慣的最大利器。

behavior 行為

04

寶寶亂亂爬

爬行是手腳協調關鍵，為學習專注力奠基

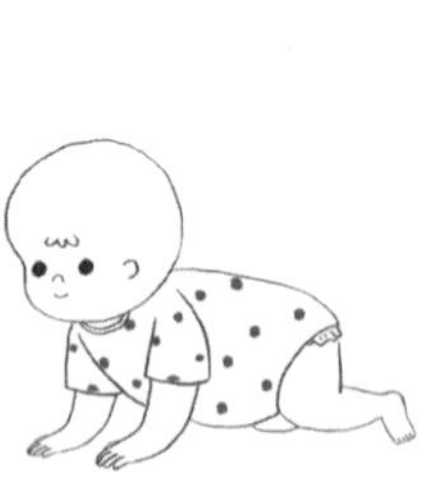

小嬰兒是全家人的焦點，大家輪流抱的時間都不夠了，怎麼會放任他在地板上亂亂爬？一直抱著小寶貝，對孩子真的是最好的嗎？

愈來愈多的小寶貝跳過爬行階段，直接學習走路。爬行對孩子們似乎愈來愈陌生，也愈來愈不重要。事實上，爬不僅僅是移動身體，更是學習協調運用手腳的關鍵，透過爬行孩子頸部張力反射能夠被整合，進而養成日後學習時的專注力。

「反射」就像是一個事先寫好的「電腦程式」，儲存在小嬰兒的大腦裡面，讓剛出生的

0-2歲

嬰兒可以做出維持生存的基本動作。頸部張力反射對小寶貝尤其重要，只要他可以控制自己的頭轉動，當頭轉向右邊，右手就會自動地伸出來，讓他輕輕鬆鬆地拿到食物。然後再將頭轉回來，右手就會自動彎起來，將食物放進嘴裡。只要小寶貝可控制自己的頭，就能吃到想吃的東西，當然也包括不能吃的玩具。

隨著小寶貝動作複雜度增加，頭一動手腳就跟著動的反射動作，逐漸地會讓他的行動變得不方便。當小寶貝開始爬時，頸部張力反射就會受到抑制而被整合，漸漸消失後，孩子的手腳動作不再受到頭部動作所控制。

試想如果孩子進入學齡階段，只要頭一動，手腳就會不自主地想動，上課時就很容易出現不必要的困擾。試想孩子坐在教室裡上課，老師在黑板上寫字，當老師寫到左邊黑板，孩子的頭轉向左邊看，左手不自覺地跟著伸出來；老師寫到右邊黑板，孩子的右手又伸出來。結果就變成東摸西摸、動來動去，很容易被誤認為不專心。如果旁邊又坐一個「碰不得」的小女生，又會被貼上調皮搗蛋的標籤。不是孩子上課不專心，也不是故意不坐好，而是頸部張力反射在搞怪。請不要跳過讓小寶貝練習爬的機會，這可是培養孩子專注力的關鍵活動。

小寶貝爬行時的準備工作

重點① 乾淨環境

爬行前請保持居家地面的乾淨。如果真的很擔心清潔問題，可以用巧拼地墊準備一個區域讓小寶貝爬行，這樣也會比較容易保持清潔。格外留意不要讓小寶貝在床墊上爬行，因為床墊太軟反而會不好爬喔！

重點② 舒適衣物

運動要換上運動服，總不能穿著西裝、皮鞋就下場。小寶貝爬行也是一樣，穿著的衣物是否漂亮不是重點，要緊的是在大腿部分千萬不要太拘束，盡量挑選材質舒適、寬鬆的款式，方便小寶貝手腳動作。

重點③ 安全空間

隨著小寶貝會爬行，活動範圍也會變大，桌面上的垂墜物不論是電器的電線，或是桌面裝飾的餐巾，都必須要先移開。家具的尖角也要加上保護貼條，盡量維持環境的安全喔！

千萬不要讓小寶貝在七、八個月就開始練習走路，因為爬行比走路還要累得多，當寶貝學會走路之後就會懶得爬。不論是過早的學習走路，或長時間的坐在椅子上，都無法協助頸部張力反射整合。

更不要一直把小寶貝緊抱在懷裡，將他放下來讓他多爬，自然就能讓小寶貝在遊戲中逐漸整合頸部張力反射，進而培養出良好的專注力，讓他在未來的求學路上可以快快樂樂地學習。

behavior 行為 05

寶寶好黏人
善用聽覺嗅覺建立安全感，穩定寶寶情緒力

小嬰兒是如何認人？用眼睛看嗎？其實並不是，所有小嬰兒剛出生的時候都是大近視，眼睛看到的景象一團模糊，只能看到朦朦朧朧的輪廓，無法辨認出誰是誰。

小嬰兒不會認人嗎？會的，但不是依靠眼睛，而是仰賴耳朵和鼻子。透過你溫柔的語調，小嬰兒會熟悉你的聲音；藉由你擁抱的氣味，小嬰兒會牢記你的味道。熟悉的聽覺與嗅覺，給予小嬰兒充分的安全感，寶寶才能安心闔上眼睛，安穩躺在懷中睡覺。

一歲前，黏人三大主因

原因① 小寶寶好依賴嗅覺

小嬰兒依賴嗅覺更勝過視覺，許多小小孩視為寶貝不願分離的安撫巾，就是這個道理。小嬰兒的安全感來自於可以察覺自己與媽咪的味道，倘若媽咪喜歡噴香水，或是經常更換沐浴乳，小嬰兒就會覺得換了一個媽咪。常常聽到媽咪反應，寶寶明明超想睡覺，卻又哭鬧不休，打死也不肯閉上眼睛，或許不是他愛鬧，而是找不到給他安全感的熟悉味道。

原因② 六個月視覺才成熟

等到六個月時，小嬰兒的眼睛就可以清楚看到遠方的東西，也更能辨識我們的五官，認人進入另外一個階段。寶寶會很詳細地看著你的臉，對你不停地微笑，甚至模仿你的表情，還可以逗得大人開心大笑。透過這樣的互動，寶寶開始學習辨認所有能看到的人臉，並且記得家裡有哪些人。六到八個月之間，寶寶所記得的人們，就是他心中的「熟人」，也就是安全的人。

原因③ 九個月陌生人焦慮

經歷上述階段，短短一個月後，寶寶會突然不再是誰抱都可以，原來那個愛笑的小寶寶再度變得黏人。只要看到不熟悉的陌生人，就會出現哭鬧反應，這就是所謂的「陌生人焦慮」。在小寶寶出生後的前九個月，熟人數量的多寡，是孩子日後氣質大方或害羞的關鍵。只是寶寶分辨熟人的方式與我們大人不同，並非靠血緣或稱謂，而是「睡著後醒來還看得到的人」，對他來說這群看得到的人，就是一定需要記得的人。

寶貝並不是縮小版的大人，他們用不同的眼光來看這個世界。我們要做的不是無微不至的照顧，而是適當的理解與引導。當我們二十四小時緊緊黏著寶貝，給予寶貝最好的呵護時，在寶貝眼中的全世界就只有「兩個人」，除了你之外，其他都是陌生人，結果寶貝不是更有安全感，反而會變得怕生，更容易害怕而哭鬧喔！

behavior 行為

06

寶寶丟玩具

物體恆存概念萌芽，是智力發展重要關鍵

嬰兒乍來到爸爸媽媽身邊時，就像個小天使。長大過程中，不時會出現大大小小令大人傷腦筋又頭疼的小舉動。這些小舉動的出現，不是小嬰兒變得不乖，也不是他在鬧脾氣，而是隱藏著爸爸媽媽不知道的祕密。

嬰兒剛出生時，身體動作主要是由原始反射所控制，就像眨眼一樣，有刺激就會立即出現相對應的動作。隨著嬰兒逐漸長大，特別是在八至九個月階段，小寶貝的腦袋出現更多的想法，也變得更為自主，單單只依靠反射已經不足夠滿足他的好奇心，想要打破「反射」而出現「自主動作」。小寶貝愛亂丟東西，真的不是他在搗蛋，而是在練習自主動作。

破解寶寶愛亂丟東西的原因

原因① 抓握反射的干擾

抓握反射讓小嬰兒只要一碰到物品，就會立即緊緊抓起來。但是總不能一直抓著不放，所以小寶貝會開始學習如何控制「放開」。八至九個月的小寶貝由於放開動作還不是很純熟，不知道只要輕輕張開手指即可完成放開動作。在練習放開時，常常會不小心連手臂的力量也一起用上，就變成讓大人困擾十足「丟」的動作。爸爸媽媽請記得，真的不是小寶貝蓄意愛亂丟，這只是他在練習「自主動作」。

這時可以準備一個塑膠箱子，抱著小寶貝將一個一個玩具放在他的前面，鼓勵他自己拿起來丟進箱子裡。透過讓小寶貝跟著我們一起玩收納遊戲，當他熟練「放開」這個自主動作，惱人的「丟」自然就會消失，轉而再去嘗試學習另一個新技能。

原因② 物體恆存的發展

六個月大的嬰兒，對於物體恆存的概念開始萌芽，懵懵懂懂了解一個真理——看不到不等於消失。東西只是暫時看不見，但它仍然持續存在。在這個學習的過程，當你將玩具撿給他，小寶貝馬上就會眼睛一亮想著：「不見了，為什麼又會跑出來呢？」感到好奇之下，就如同觀看一場魔術秀，會迫不及待地再丟掉一次試試看。

小寶貝此時會非常熱衷於「看著東西消失，再去把它找出來」的遊戲。就如同媽媽在他剛出生時期，常常陪著玩的「搗哇」小遊戲，遮臉後再突然出現，就能把小寶貝逗得哈哈大笑。此時的媽媽請辛苦點，當小寶貝的撿東西機器人吧！

原因③ 力量控制未成熟

小寶貝的動作隨著年齡增長愈來愈靈活，但在力量控制上，卻還沒有表現出來。一想要伸手就往外張開一八〇度，一想要彎手就往內合一八〇度。特別是在開心的時候，常常因動作太大而不小心打翻東西。這時可以準備一條粗一點的毛線，一端綁在玩具上面，一端固定在桌面上，當小寶貝不小心推倒玩具，可以自己拉起毛線拿到玩具，這樣爸爸媽媽就不用再一直丟丟撿撿。請記得一定要注意安全，毛線不要綁得太長，以免發生危險。

小寶貝不是故意亂丟東西，而是在學習與熟練自己的技巧，這都是發展的必經階段。不要小看丟這個動作，其實丟的後面蘊藏著很多意義，特別是物體恆存的發展，對於智力扮演著非常重要的關鍵。

物體恆存也讓小寶貝了解，雖然看不到媽媽，但是媽媽總會一直在身邊保護著我，進而發展出安全感，克服自己獨處的焦慮。有了安全感，小寶貝學習爬行與走路時，才能踏出探索環境的步伐，勇敢地離開媽媽的身邊。

behavior 行為

07

沒有時間觀
建立時間週期規律，培養學習專注力

「都已經幾點了，還不快去睡覺！」這是每個家庭中常常聽到的一句話，究竟是孩子不聽話，還是我們不懂孩子在想什麼？為什麼爸爸媽媽已經大發雷霆，孩子還是無動於衷？是孩子不聽話嗎？

孩子對時間的概念，並不像成人那樣清楚，畢竟他們還不太會看時鐘，現在到底是七點還是九點，對孩子而言並沒有多大的差別。當孩子還無法了解數字的先後順序時，與孩子爭執現在是幾點，只會讓爸爸媽媽憋了一肚子氣，搞到氣氛很僵。

孩子不像大人一樣會看時鐘，但不代表孩子沒有時間概念，而是方式和大人不一樣。

孩子用肚子、事件與順序建立時間觀

記憶① 用肚子來記時間

小小孩最明顯，只要一到傍晚五點，就會想要回家。當然不是因為孩子有戴手錶，而是孩子的肚子已經餓了。對於小小孩而言，肚子餓就是最好的「時鐘」，提醒孩子現在幾點了。如果孩子很愛吃零食，生理時鐘就會被打亂，當然也就沒有時間觀念了。

記憶② 用事件來記時間

孩子記憶時間的方式，並非是抽象的數字，而是具體的事情。看卡通的時間是五點、媽媽回來是七點，透過明確的事情發生，讓孩子了解現在的時間。牆壁上的時鐘對他來說只是參考，看到明確的事實才是關鍵。同理可知，如果孩子的生活時刻表愈固定，也就愈能掌握時間觀念。

記憶③ 用順序來記時間

孩子依靠事件發生的先後順序，預期接下來必須要做什麼事情。例如：晚上的行程是「六點吃飯、七點洗澡、八點讀繪本、九點上床睡覺」。簡而言之，孩子是用事情的「順序」來記憶時間，正是因為這樣的特質，當突發事情出現改變熟悉的順序時，孩子往往就會伴隨「時間混淆」的情況。當孩子處於時間混淆時，爸爸媽媽常會發現他明明看起來已經非常疲累，卻遲遲不願意乖乖上床睡覺。最後總在大人生氣，孩子哭鬧的混亂情況下睡著。

相信大家都有這樣的經驗，原本加班的爸爸，今天終於提早下班，趕在寶貝躺在床上看繪本前踏進家門。既然是為了看孩子才努力趕回來，當然要和寶貝親親抱抱，順便陪著孩子玩一下，結果時間一下子就超過九點。這時如果你要孩子乖乖睡覺，孩子往往不願意配合。請先不要對孩子生氣，更不是威脅處罰他，而是依序地完成既定的事情順序，再次跟孩子一起念完繪本，你就會發現孩子將心滿意足地上床睡覺。

請不要在孩子要睡覺前的最後一刻走進家門，又希望孩子能立刻上床睡覺。孩子只要看到你，絕對會像是遇到「偶像劇明星」般地興奮，哪裡肯乖乖上床睡覺？困擾你的衝突情景，究竟是孩子的問題，還是爸爸媽媽時間規劃的問題呢？

時間週期愈規律，寶寶的行為也就愈好預測，才會更好帶。趁著寶寶最清醒的時間來教孩子，才能培養好的專注力。

很多時候我們必須要思考，到底是孩子不願意乖乖睡覺，還是我們無意間破壞了孩子的時間順序，卻又誤解孩子不肯乖乖地配合？改變必須從我們自己開始做起，而不是先要求孩子。

behavior 行為

08

寶寶不分享

所有權概念發展階段不同，影響分享意願

對於兩歲的孩子，放眼看到的物品，全都會認定是自己的。直到四歲時，隨著所有權概念的成熟，才能清楚分辨物品究竟是屬於誰的。在這個漸進的發展過程中，孩子最初會完全不在乎物品的歸屬，漸漸進入保護「我的」物品，而變得不願意跟別人分享。這不是孩子很自私，而是發展的必經階段。

當兩個發展處於不同階段的孩子在一起時，若一個已經具有所有權概念，另一個處於「全是我的」階段，相處的時候發生衝突就難以避免。這並非誰對誰錯，因為就生理發展而言，兩個人都是對的，爸爸媽媽要做的是幫助孩子找出解決的方法。強迫的分享不是分享而是被搶。如果一個孩子老是被搶，你覺得孩子以後會喜歡分享，還是會變得自私呢？

孩子不願意分享，最重要的原因是「因為害怕失去，而變得自私。」怕自己心愛的寶貝被弄壞、弄丟、搶走，所以心生抗拒而自私。如果孩子將所有的東西都當作「寶貝」，那當然不願意分享。鼓勵孩子練習分享時，父母選擇分享的物品就變得非常重要。請不要一開始就期望孩子分享玩具，特別是只有一個的玩具，那往往會讓孩子感到挫折，而沒有任何的幫助。

三個小方法，讓孩子學會變大方

方式① 學習物品的所有權

小寶貝對於所有權的概念尚不成熟，認為看到的都是自己的。在想要擁有的情況下，就容易與同伴產生爭執。這時可以帶著小寶貝玩整理衣服、鞋子、襪子的遊戲，猜猜看這件衣服是誰的？透過遊戲過程讓小寶貝逐漸了解，不同的物品屬於不同人的，也就不會想要什麼都搶著要了。

方式② 先從食物開始分享

最初要分享時，可從數量較多的物品為優先，先讓孩子練習把物品分給別人，習慣後自然也就會願意主動與人分享。建議可以從分享水果開始，特別像是葡萄、小番茄等數量多的水果，讓孩子練習將水果一個一個分給家裡的每一位成員。透過這樣的互動，讓小寶貝養成分享的習慣，先創造分享的成功經驗，再漸次擴展到家庭以外的地方。當小寶貝有了分享的愉快經驗，下次大人說要分享時，自然就會主動把物品拿給別人，此時再延伸到玩具等其他物件也就較容易成功。

方式③ 將玩具分成大兩類

帶著小寶貝將玩具分為兩大類，一類是自己的「寶貝」，另一類是跟別人玩的。透過引導過程，小寶貝很快地就能分辨出來，當然也就會願意跟別人分享。建議爸爸媽媽，除了玩具收納箱之外，額外幫孩子準備一個他專屬的寶貝箱。允許小寶貝可以獨享寶貝箱裡的東西，而不強迫分享；玩具箱裡的東西則要練習大方分享。請記得寶貝箱絕對不可以比玩具箱還要大喔！

分享是一種美德，但必須以「不會傷害自己為前提」不是嗎？尊重孩子的決定，讓孩子選擇一部分是專屬於「自己的」。當有自己獨享的物品後，孩子自然也就會更樂意分享。這才是我們應該要協助孩子去思考和判斷的方向。不是所有的東西都需要分享，才能讓孩子真正學會願意分享！

behavior 行為

09

寶寶耍賴皮

自我概念剛萌芽，給簡短指令而非長篇大論

一歲半的孩子意見愈來愈多，常常會有堅持己見，不聽指令的情況出現，往往讓爸爸媽媽頭痛不已。是我們教養上出了什麼問題嗎？為什麼原來乖巧的小孩變得愈來愈叛逆？請爸爸媽媽先不要擔心，出現這樣的情況應該感到高興才是，因為孩子正進入自我概念發展的關鍵時期。

隨著自我概念的發展，孩子愈來愈有自己的主見，也會嘗試要求爸爸媽媽配合。當自己的意見不被接受時，他的小腦袋就會出現大絕招——躺在地板上賴皮。打死不願意離開，躺在地板上哭鬧。因為他知道你會將他抱起來，這樣就更有機會得到他想要的東西。

孩子不是故意耍任性

原因① 分不清，你我差異

一歲以前，寶寶覺得你和他想的是一模一樣的，不論他想要什麼，爸爸媽媽都會滿足他。隨著動作能力的進步，孩子探索的範圍愈來愈大，可能遇到的危險也變多。當爸爸媽媽開始有所限制時，孩子會感到困惑，為何以前爸爸媽媽想的和我一樣，現在卻變成不一樣呢？在這樣背景之下，就會發出不滿的情緒而開始哭鬧。隨著生活中反覆地練習，孩子才會逐漸理解：「原來我是一個人，媽媽是另一個人，我們兩人有時會想的不一樣。」

原因② 想太多，但說不出

兩歲正是語言發展的爆發期，短短幾個月裡，孩子從只會斷斷續續說十幾個不同的詞彙，突然爆發至口語滔滔不絕。他們總是想說的話很多，能說清楚的卻不夠。當孩子因為心急，無法順利將腦袋裡所想的轉化為語言表達出來，就會先產生情緒波動，再出現哭鬧的反應。這時最簡單的方法，就是幫孩子把話說出來，這樣他就會感到被接納而安靜下來。

原因③ 玩太累，體力不足

雖然有無比的好奇心，但是還不會調節自己的體力，因此一定要避免讓孩子累過頭。孩子的體力差一歲就差很多，如果家裡有哥哥姊姊更要特別注意。若是讓孩子累過頭，再簡單的道理也是絕對聽不進去的。孩子如果已經躺在地上賴皮，就不需要太堅持和他講道理溝通。請先抱起孩子，趕快讓他回到舒適的家裡，好好地睡上一覺吧！

孩子成長過程中，多少都會有賴皮的情況，請不要認為這是他故意產生的行為。爸爸媽媽要做的不是責備或威脅孩子，而是要有「一致性」的堅持。千萬不要一個堅持，另一個秀秀，兩個人不同調往往會讓孩子不斷地嘗試「新招式」，讓爸爸媽媽陷入頭痛不已的賴皮循環中。

堅定而溫和的與孩子堅持，將決定權拉回大人身上，可以減少孩子賴皮的頻率。你需要的是給予簡短的指令，而非不厭其煩的說道理。此時的孩子雖然已經會說話，畢竟是半猜半懂。過長的說明往往不會讓孩子明瞭，反而可能會因為抓錯重點又更加哭鬧。

帶孩子是一場積分賽，不是淘汰賽，不會因為一次失敗就定勝負，只要你做對的頻率愈高，孩子就可以獲得最終的成功。

behavior 行為 10

太晚開口說

真人互動，才是學習說話的關鍵

寶寶會不會說話，是爸爸媽媽最關心的事情，總是期待能親耳聽到寶寶第一次叫爸爸、媽媽。為了讓寶貝可以發展得更好，爸爸媽媽無不卯足全力，幫寶貝準備最好的環境，期望寶貝可以快一點說話。

華盛頓大學大腦與學習科學研究所共同所長Patricia Kuhl博士研究發現，嬰兒八至十個月時給予豐富的語言刺激，可以讓寶貝在語言部分學得更快、更早開口講話。這個實驗有一個對照組，如果將語言提供者從真人改為電視，此時孩子的語言能力則是完全沒有提升。為何同樣的教材內容，對寶貝的學習效果有這麼大的差異？因為學習語言，小寶貝最需要的不是昂貴教材，而是「你」。

小嬰兒學習語言時，只對真人有興趣，正是因為要與你互動，才會去學習與記憶。語言是一種社交技巧，如果沒有互動是永遠學不會的。「你」才是孩子語言學習最重要的關鍵，而不是教材多或是少。

寶寶說話的關鍵

關鍵① 眼神接觸的重要

小嬰兒在六個月時，就可以清楚分辨出主要照顧者與其他人的不同，對於媽媽的聲音特別感到興趣，只要一聽到和看到媽媽，就會開心地微笑。倘若媽媽抱著小寶貝，卻故意避開與他的眼神交會，小寶貝會因為感覺到被拒絕而哭鬧。抱著小寶貝，請多直視他的眼睛，跟他多說話，這就是最好的教導。如果抱著孩子，卻打死不和小寶貝進行眼神接觸，就算抱上二十四小時，也是沒有任何幫助。

關鍵② 表情模仿的練習

我們一直以為給孩子聽大量的CD，讓小寶貝盡早接觸多種訊息，就可以讓小寶貝的表達能力變得更好。這樣的教材提供，忽略語言學習必須要有兩個條件的配合，一是聲音分辨，二是嘴型模仿。趁著小寶貝還不會爬，喜歡看著媽媽的臉、聽著媽媽說話，嘗試模仿媽媽的表情、聽媽媽的聲音。透過和媽媽互動的練習，讓寶貝學會控制臉部肌肉動作。這不僅是單純地做出逗你開心的行為，更是他在一歲半時能否呱呱學語的關鍵。

關鍵③ 口腔動作的靈巧

發音是否準確，需要呼吸與舌頭的精確配合，舌頭動作愈是靈巧，寶貝開口說話的速度就愈快。寶貝如何發展口腔動作的靈巧？關鍵在於食物的複雜度，想想如果寶寶一直都只吃糊狀物，他的舌頭懶懶地都不用動，只需要大口一吞就可以了。舌頭沒有被運用到，結果就愈來愈懶惰，說話當然會變成臭奶呆。爸爸媽媽要記得副食品的給予，不只是為了營養攝取，更是為了口腔動作的發展。

小嬰兒並非是一張白紙，天生擁有強大的學習模仿能力，絕對不是只會吃吃睡睡而已。當小寶貝還不會爬，只會睜大眼睛看著你，朝向你微笑的同時，此時的他也正在學習，學習模仿各式表情，學習如何控制自己的微笑。你的存在就是小嬰兒最強烈的吸引力，因為他知道沒有你，他將沒辦法自己長大。我們習慣說話，卻忽略看著孩子說；我們習慣做家事，卻總將孩子關在保護的安全柵欄裡；我們忙著照顧孩子，卻沒有時間坐下來陪他一起玩。

陪伴並不是只坐在孩子的身邊卻不互動，也不是忙著做家事讓孩子自己玩，而是與孩子眼神交會，一起分享與玩遊戲。透過和你的互動，孩子學會模仿你的聲音與語言表達技巧，為日後和他人溝通奠下基礎，間接也能培養情緒專注力。

Part 2

專注發展 3～4歲

從依賴走向獨立，從黏踢踢邁向探險，這是一個矛盾的年紀，也是爸爸媽媽最頭痛的年齡。

隨著寶貝講話會開始，愈來愈會表達自己的想法，並且開始探索這個世界。這時寶貝像是一個獵食者，對所有沒見過的事物，都會抱持無以倫比的興趣。不論是地上的葉子、路邊的花朵、樹上的小鳥都深深地吸引著他！迫切而渴望的學習一切新事物，來滿足自己的大腦。

11 行為 總是愛挑食

12 行為 不愛打招呼

16 行為 拒說對不起

17 行為 拖拉不睡覺

13 行為

愛隨處塗鴉

14 行為

什麼都害怕

15 行為

討厭短蠟筆

但是寶貝的慾望往往比他的能力還要強大，當然也就比較容易出現問題、鬧脾氣，此時更需要爸爸媽媽耐心陪伴。爸爸媽媽在這個階段最重要的工作，就是陪寶貝養成早睡早起的好習慣。想想看，如果大家專心時他想睡覺；別人想睡時他很專心。怎麼會有良好的專注力呢？

專心不是與生俱來的，而是要靠爸爸媽媽培養的！

18 行為

共讀沒耐心

19 行為

討厭看牙醫

20 行為

凡事搶第一

behavior 行為 11

總是愛挑食

降低口腔觸覺／味覺敏感，提升飲食均衡力

挑食是爸爸媽媽最常詢問的問題，為何孩子總是愛挑食？並不是他故意鬧脾氣、不配合，而是隱藏著發展的祕密。

對於雜食性動物而言，可以食用非常多種食物，雖然這樣能更廣泛的獲取食材，同時伴隨著更高的風險，也就是吃錯食物可能會中毒。因此雜食動物會在幼兒時期，整天黏在爸爸媽媽身邊，爸爸媽媽吃什麼就跟著吃什麼，學習哪些東西可以吃、哪些東西必須要避開。脫離爸爸媽媽身邊時，就會只吃這些食物，直到完全成熟後，才會再度嘗試沒有嘗試過的新食物。

人類也是如此，三歲前嘗試過的味道，長大後就會習以為常，而不會出現抗拒的情況；對從未接觸過的味道容易產生抗拒，一直要到十二歲之後，才會漸漸改變想要嘗試「新」味道。孩子是否會挑食，與幼兒時期的食物豐富性有著密不可分的關聯。

爸爸媽媽會想著，若孩子已經五歲了，挑食這個壞習慣是否已經沒救？請爸爸媽媽不用太焦急，這個年齡層已出現挑食行為的孩子，行為還是可以改善的，只是需要花費更多的時間與精力，慢慢引導而非強迫。

挑食告訴我們的口腔訊息

訊息① 口腔觸覺過度敏感

食物除了味道之外，還有一個是「質地」，也就是在口腔的感覺。如果一個孩子嘴巴裡面的觸覺過度敏感，一點點粗粗的感覺也會覺得不舒服，他對於纖維質較多的食物就會產生抗拒。那就像是吃到沙子一樣不舒服，當然會直覺地想要吐掉。建議爸爸媽媽可以在刷牙時，拿紗布包著手指，像在幫寶貝刷牙一樣，只是換成在牙齦上按摩，降低口腔敏感，幫助孩子接納不同口感的食物。

訊息② 味覺過度敏感

有些人對味道過於敏感，一點點氣味的變化，都可以立即察覺，導致食物帶點苦味、土味或澀味，便會產生抗拒而不願意吃。就像我們吃吳郭魚，烹調時少用清蒸而用紅燒，就是擔心料理帶有土味會影響食慾。面對不愛吃青菜的孩子，可以先選擇一些味道較清淡的青菜，讓孩子從願意嘗試開始；或是運用調味料，遮蔽掉青菜裡的特殊味道。先讓孩子找到最喜歡吃的一種青菜，就會愈來愈願意吃青菜。

訊息③ 舌頭側翻不佳

我們吃飯時，除了靠牙齒咬斷、磨碎食物之外，也要靠舌頭反覆的側翻，將食物變成一個「食團」，才容易吞下。若孩子舌頭動作比較不靈巧，吃葉菜時很容易因為食團不完整成形，而留下一個「小尾巴」，結果一吞下去就噎到了，當然也就不喜歡吃青菜。這時可以幫孩子將青菜切碎一點，或是選擇口感較脆的青菜，讓孩子容易咬斷，都是可以讓他們更願意吃青菜的變通方法！

了解孩子才可以幫助孩子，面對孩子不是講大道理，也不是強迫或威脅，而是需要爸爸媽媽的用心與引導。孩子挑食請先不要責備他，若讓用餐時光變成戰場，就算人間美味擺在眼前，也會讓人食之無味。克服挑食並不難，請帶著孩子跟你一起去採買食材，讓他多認識蔬菜、肉類與水果，卸下面對陌生食物的心防，自然就會比較願意接受各式口感的食材！

behavior 行為 12

不愛打招呼
理解害羞背後原因，人際交往不恐懼

面對害羞的孩子，請不要急著要求孩子打招呼，也不要一開始就給予熱情的擁抱，而是應該給孩子多一點適應的時間。

想想看，搭公車時，如果有一個不認識的人，一直很熱情的和你打招呼，又不停地想要靠近你，你會覺得很舒服？還是想要保持距離？孩子的感受也是一樣，特別是當孩子愈來愈會認人後，對於陌生人的感應雷達也就愈來愈明顯，並且保持警戒。

當孩子遇到對他而言是陌生的人時，請先尊重孩子個別的感覺，不要急著強迫孩子打招呼。

3-4 歲

孩子在四歲以前，適應度尚未成熟，到了新環境往往需要多一點時間來暖機，偶爾會有害羞、退卻的情況，在陌生環境甚至會出現哭鬧或逃避的行為。這時請不要刻意放大孩子的當下反應，應該先提醒自己保持平常心，這樣孩子反而較不會感到緊張。請給孩子多一點適應時間，而不是抱怨孩子沒禮貌，更不要因此而覺得沒面子轉而責備孩子。那樣只會讓孩子感到挫折，更加不願意和別人打招呼。

孩子不敢打招呼，出於下列三個原因

原因① 對稱謂混淆

小小孩在記憶時，需要一個一個配對，就像是面對奶奶與外婆，若兩個人都叫阿嬤，會讓他覺得很不自在，為什麼兩個人都用同一個「名稱」？當他出現困擾或混淆時，會因記憶上的困難而引發焦慮。這時最簡單的方式就是在稱謂前，再加上一個地名，就可以幫助孩子區辨，方便孩子記憶，也會讓他感覺安全。孩子很可愛的，只要記得名字，就會覺得那個人是熟人了。

原因② 擔心被注視

部分小孩被陌生人注視時，會感到害羞、退縮，因此出現閃避的情況。這有點像是我們在照相時，若心情感到緊張連微笑也會變得僵硬。如果要孩子當下直直盯著別人的眼睛看，往往會出現抗拒行為。這時我們可以運用一個小技巧，拿一張貼紙貼在陌生人的額頭上，和孩子說先不用看對方的眼睛，引導孩子看向貼貼紙的地方。這樣既能讓孩子感到安心又能看著人，就不會被責怪或誤解了。此外，平常多幫孩子照相，也是很好的練習喔！

原因③ 覺得很陌生

對爸爸媽媽來說很熟的親戚，對孩子而言如果不常見到，依然是很陌生的人。兩歲以前的小小孩對熟人的定義與我們不同，睡覺起來依然存在的人才是熟人。隨著科技的進步，我們可以多帶孩子看親戚們的照片，或多用網路視訊等方式，讓孩子有更多機會接觸親戚，當孩子熟悉了也就不容易怕生，自然會願意打招呼。

害羞並不是一個問題，內向的孩子也不見得會有人際互動的困擾。外向的孩子或許較容易交到朋友，但與朋友們在關係的維繫上往往不如內向小孩。

內向的孩子善於內省，會主動調整與修正自己的行為。請爸爸媽媽先看孩子的優點，不要急著改變孩子，才能找到更適合孩子的教導方式，做出正確指引。

behavior 行為 13

愛隨處塗鴉
在亂畫中培養手腕靈巧，日後寫字不煩惱

筆對於小小孩而言，就像是魔法棒，透過筆將各式各樣的幻想畫出來。雖然爸爸媽媽看不太懂孩子們的創作，他們依然樂在其中。每當小小藝術家完成一幅作品之後，孩子不僅很有成就感，爸爸媽媽也會覺得很開心。為什麼孩子那麼喜歡在牆壁上亂塗鴉，卻不願意畫在紙上呢？

依美術教育心理學者羅恩菲爾對兒童繪畫的分類，一歲至四歲之間的孩子正處於發展上的塗鴉期，也稱為「錯畫期」。小小孩常常一拿到筆就亂畫一通，開心地用線條和色塊組合成一個又一個的圖案，甚至還會為圖畫命名。爸爸媽媽總是好奇，明明

就有給紙張啊，為何孩子們還是會偷偷地畫在牆上、沙發背面？

孩子隨意隨地繪圖的原因

原因❶ 無法預期結果

二至四歲的孩子是活在當下的，還沒有辦法預期結果。這時的他只看得到眼前的具象物，前方有一支筆，就是要畫圖。當他的手一碰到筆時，大腦就會告訴他手要畫畫，此刻只要是他判斷可以作畫的地方，就會很直覺地畫下去。因為他還沒有聯想到畫畫要畫在紙上，如果放筆的桌上沒有鋪上一張紙，就會直接畫在桌面上，想當然耳就是被爸爸媽媽罵。解決的方式很簡單，將紙和筆同時放在一起，讓孩子拿到筆就可以在紙上畫畫，這樣就可以解決問題。此外，直接在桌上貼上大張的白報紙，也是一個不錯的方法，可以讓孩子盡情揮灑創意。

原因❷ 手腕力量不佳

有時我們給小小孩圖畫紙，他們不願意畫在紙上，反而硬是想要畫在牆壁、沙發上，這個讓爸爸媽媽想不透的困擾，正是因為孩子手腕力量不足所致。拿起畫筆，從垂直面作畫可以給予手腕額外的支撐，在牆壁上畫才會比較漂亮。孩子們比我們更清楚如何才能讓自己畫得好看。請不要責怪孩子不聽話，孩子只是想要和你分享，在牆壁上作畫會畫得比較好看。解決的方式很簡單，準備一個畫架或將圖畫紙貼在牆上，讓孩子有可以發揮創意的地方。

原因③ 運筆技巧練習

塗鴉是孩子發展的必經階段，透過拿筆隨意描繪線條、塗抹色塊，可以熟練運用自己的手臂、前臂、手腕和手指。從爸爸媽媽鼓勵中獲得動機，才會願意繼續反覆練習，直到熟練如何精確地控制手中的那一支筆。孩子塗鴉不只是在練習畫圖，更是為日後拿筆寫字做準備，我們應該稱讚孩子多麼認真，而不是給予責備，不是嗎？

從兒童發展的角度來看，小小孩的精細動作尚未成熟，他們透過塗鴉和繪畫的過程，漸漸熟練如何控制運筆。小小孩用他的小小手，隨意塗上好幾個圈，任意添上兩、三條線，就變成了小花；再補上幾筆，一下子又變成小狗。雖然常常與最初說要畫的圖像已無關連，但又何妨呢？

孩子需要的是引導而不是限制，當他隨意揮灑創意時，請抱著欣賞觀點，多給孩子一些鼓勵。家裡的牆，請幫寶貝預留一個可以塗鴉繪畫的空間，拿起筆恣意創作是孩子正式練習寫字前，最佳的運筆練習活動。

手腕靈巧與否，是孩子日後寫字有沒有效率的關鍵。如果孩子寫一下就手酸，又如何可以專心寫字呢？

behavior 行為 14

什麼都害怕

用陪伴孕育勇氣，用勇氣培養探索的內在動機

恐懼是一種很強烈的原始感覺。當人們受到不熟悉的刺激感到威脅時，就會誘發我們做出保護自己的反應，產生害怕的感覺。害怕就像是大腦裡的警報器，提醒我們注意那些不尋常刺激的出現，讓我們可以保持警覺狀態，以免遭受危險。特別是四歲以下的孩子，因為「自我保護」的能力尚未成熟，因此特別容易感到害怕。

如果刺激物一直存在，就會引起「攻擊逃跑反應」。孩子往往會拉著你想要離開，而出現哭鬧不止的舉動，直到刺激物完全消失才會停止。當孩子感覺恐懼時，最需要的是爸爸媽媽緊緊擁抱，給予他所需要的安全感。

恐懼並非是一個完全負面的情緒，這是維持生存所需要具備的基本能力。想想看，如果一個孩子不知道危險、搞不清楚害怕，帶他出門一下子想要衝過馬路、一下子想要站到桌子上，你覺得這樣好嗎？面對孩子的害怕表現，請不要過度責備孩子，為他貼上膽小鬼的標籤。從另一個角度來看，孩子的小心謹慎，也不一定是壞事一件。

面對哭鬧不止的孩子，請這樣幫助他

幫助① 給予安全

當孩子感到恐懼時，最需要的就是你給予的安全感。請抱起孩子，讓他知道你會陪伴在他的身邊，不會離開或消失。藉由你的安慰與鼓勵，孩子才會願意嘗試鼓起勇氣。恐懼感升起的當下，千萬不要對他說：「再哭我就不抱你！」這只會讓孩子覺得更加恐懼，更是哭鬧不止。

幫助② 轉移注意

孩子因為害怕的關係，往往會一直盯著刺激物，結果反而會愈來愈緊張而更加害怕。此時請先引導孩子將注意力轉移到不會害怕的事物上，例如：孩子怕舞台上的小丑時，可以請他找找看，姊姊和媽媽坐在觀眾席的哪裡？透過你的引導，讓孩子的視線離開小丑，在尋找的過程中，情緒就會漸漸平穩下來。

幫助③ 保持距離

讓孩子與刺激物先拉開距離，這時請不要提到「勇敢」「可怕」「膽小」這些詞彙，而是給予孩子足夠的觀察時間。保持適當距離後，他的安全感會漸漸加強，就會發現刺激物好像沒那麼恐怖，自然也就會願意嘗試接近看看。孩子有時不是真的害怕刺激物，只是需要多一點時間適應、熟悉而已。

當然孩子感到害怕時，有時我們無法立即帶他離開刺激物以脫離恐懼，請不要強迫孩子要求他做出更讓他沒有安全感的舉動，也不要嘲笑孩子，因為這樣的互動不僅不會有任何幫助，還會讓孩子變得更膽小。

勇氣中有很大一部分是謹慎小心，而不是義無反顧的往前衝刺。你的陪伴是孩子的依靠，也是孩子產生安全感與勇氣的來源。孩子會在生活中一步一步克服恐懼，學會擁有勇氣。

給予孩子充分的安全感，協助他鼓起勇氣探索新世界，才能讓他養成對新事物充滿好奇的熱誠。這樣的內在動機，就是未來專注力的根本。

behavior 行為

15

討厭短蠟筆

斷掉的蠟筆，是促進精細動作的良伴

孩子拿著蠟筆畫圖時，常常一不小心就會將蠟筆折斷。往往畫不到兩三張，一盒蠟筆就斷了一半。許多爸爸媽媽想著現在蠟筆很便宜，再買一盒新的就好？我們都希望給孩子最好的，但是這樣的物質提供方式真的好嗎？給孩子新的東西，就是對他最好嗎？

也許你不知道短短的舊蠟筆，遠比長長的新蠟筆，可以教導孩子更多。新蠟筆，孩子只要一把抓起來就可以塗塗抹抹，如果力道控制不好，很容易一下子就斷掉；舊蠟筆不到三公分，無法一把抓起來，反而可以幫助孩子訓練到更多的能力。

短蠟筆的價值

價值① 促進指尖力量

舊蠟筆短短小小的，孩子不能用五根手指一把抓，而是需要用手指捏住。透過拿短蠟筆畫圖，可以誘使孩子使用手指尖握著，恰好能訓練指尖肌肉力量，幫孩子打下日後精細動作發展的基礎。如果孩子從來都沒有用過斷掉的短蠟筆，怎麼會有機會練習指尖捏住的動作？

價值② 促進掌內分節

掌內分節聽起來很陌生，其實我們每天都在做這個動作。手掌的前三指負責動作，末兩指負責穩定。我們的手掌每天都會不斷同時執行有動有靜的動作，透過掌內分節，孩子才能準確地捏起扣子、彈珠等小東西，並且可以控制好湯匙與鉛筆。如果孩子每次拿東西都是五隻手指一把抓起，怎麼會有能力靈巧地拿起東西呢？

價值③ 懂得愛惜物品

當了爸爸媽媽之後，無時無刻都心繫著孩子，希望能給孩子所有最好的。擔心孩子沒穿暖，幫他添購衣服；擔心有黑心食品，幫他烹調餐點；擔心孩子學得不夠多，幫他挑選繪本閱讀。我們處處從孩子的立場出發為孩子設想，但是有個重要的觀念，你必須要知道——有時新不一定是好。對孩子有幫助的才會是好的，這跟價格高低、東西新舊一點關係也沒有。給予孩子過多的東西，不僅讓孩子不懂得珍惜，更可能減少孩子應該有的練習，這對孩子來說真的好嗎？

請不要再將斷掉的蠟筆丟掉，而是幫孩子整齊地放回盒子裡排好。帶著孩子一起拿起短短的蠟筆著色、塗鴉，盡情地畫出各式各樣的圖案。讓孩子在與你遊戲的過程，練習出良好的手指力量吧！

當我們一心一意給予孩子最好的生活時，可能會在無意間剝奪孩子練習的機會，反而讓孩子的發展受到限制。等到孩子長大又抱怨他不知道滿足？帶孩子不是一味順著孩子，那不是民主而是放任。孩子需要我們正確的引導，才能順利平安長大。

behavior 行為 16

拒說對不起

去除可能被處罰的陰影，安定情緒讓認錯變容易

想想看一個情況，兩姊妹在跳跳床上玩，玩得太開心，姊姊一個不小心跳起來時，正巧撞到低頭的妹妹。很不巧地，妹妹這次被撞到鼻子，當場痛得哇哇大哭。看到妹妹大哭起來，姊姊非常著急，一方面想要安慰妹妹，另一方面又想要撇清關係。這時要姊姊說聲「對不起」，她就是像壞掉的錄音機，完全出不了聲音，整個卡在那裡。是孩子沒有禮貌，喜歡狡辯嗎？不是的啊，爸爸媽媽請別誤會，孩子只是擔心自己犯錯，而卡在那裡不知道應該如何是好。

上述的情景，是孩子玩耍時很容易出現的情況，基本上就是個單純的意外，沒有所

謂的誰對誰錯。在這個當下要姊姊說聲對不起，是基於無心犯錯而將妹妹弄疼的禮貌，並非是因為姊姊做錯事而要鄭重向妹妹道歉。但是孩子的小腦袋瓜想到的卻不是如此，她的心裡是這麼想的——我沒有「做錯事」，所以不可以說「對不起」。

孩子打死不願意說「對不起」的原因

原因① 擔心會受到處罰

孩子都希望可以在爸爸媽媽面前表現得很好，三到四歲的孩子特別在意自己會因為犯錯而不被疼愛。如果大人用很凶惡的眼神盯著孩子看，還大聲說著：「做錯事，就要說對不起。」往往會讓孩子產生焦慮的情緒，接著就開始哭鬧起來，反而更難說出對不起。這時爸爸媽媽要做的事其實很簡單，就是承諾孩子不會受到處罰，讓孩子先將情緒安定下來，自然就比較容易說出對不起。

原因② 覺得自己被誤會

覺得自己沒有犯錯又被強迫要道歉時，孩子往往會出現抗議的情緒。這又可以分成兩種情況：一是意外事件；二是搞不清楚狀況。孩子常常卡住不願說對不起，是因為他心裡想著，開口說對不起就是承認自己做錯事，因此無法輕易說出這三個字。面臨這樣的情況時，請不要執著於誰對誰錯，而硬要孩子說出對不起。而是先安慰正在哭泣的孩子，讓另一個孩子（事主）先暫時等待，等到一切都穩定下來後，才和孩子說明事情發生的原因。

原因③　搞不懂禮貌用語

「對不起」其實有兩個用法，一種是犯錯而要和人道歉，比較像是英文的sorry；另一種是麻煩別人的客套句，比較像是英文的excuse me。三到四歲的孩子常常覺得自己沒犯錯，所以當他們不小心撞到人、踩到他人的腳，會打死不說對不起。這時可以跟孩子說：「說對不起，不是因為你犯錯，而是你比較有禮貌。」這樣孩子就會比較願意說出對不起。

當孩子不願意說對不起時，請先了解孩子是怕犯錯而不是鬧脾氣。爸爸媽媽不是馴獸師，教導孩子不是愈凶愈嚴格就是愈好。如果孩子心裡留有只要承認錯誤，就一定會被處罰的陰影，自然就會變得愈來愈不願意說對不起。

教導的重點是要讓孩子願意開口說對不起，請給他一個正確的觀念——說對不起是一種禮貌，不是探究誰對誰錯。我們要教孩子解決問題的方法，而不是透過嚴厲處罰，讓他在心生恐懼下被迫向人道歉。

自信和動機是孩子專注力的基石。過度高壓的責備，雖然可能會有立即的效果，但是長期下來，對專注力的培養卻是不利的。

behavior
行為
17

拖拉不睡覺
三管齊下，用優質睡眠打造專注力

明明已經到了上床睡覺的時間，但是孩子就是超級不配合。時鐘都已經要十點了，孩子還是躺在床上拚命說話，真的會氣死人。壓著孩子睡覺，就像打仗一樣累死人了。為什麼孩子就是不早睡呢？

隨著工作性質改變，我們的生活已經脫離早上六點起床，傍晚五點回家吃飯的作息。絕大多數的人，都是九點上班，但不知道哪時下班。生活作息不自覺地漸漸往後挪移，生活在同樣一個家庭中的孩子，當然也會受到影響愈來愈晚睡。這並非是現在孩子喜歡賴皮、不願意配合，而是我們常忽略一些幫助睡眠的準備工作。

孩子準時入睡的妙方

方案① 下午安排適當的運動時間，消耗體力

要讓孩子早睡的關鍵，並不是我們幾點讓孩子上床睡覺，而是幾點叫孩子起床。如果孩子精神奕奕，整個就像是一個充飽電的電池，即便壓著他躺在床上，大概左翻右翻一小時，他還是不會入睡。隨著孩子年齡增長，四到五歲時的體力明顯會比三歲前更好，如果下午沒有去走走跳跳個一小時，晚上往往就不容易好好睡覺。孩子準時入睡的重點不是幾點要孩子去睡覺，而是幫他安排適當的運動時間調節體力。孩子的能量耗盡，時間到了自然就會乖乖配合睡覺。

方案② 就寢前將燈光漸漸調暗

影響睡眠最重要的因素，不是時間而是「光週期」。正是因為太陽有起落的變化，「睡眠週期」跟著光亮與黑暗出現。如果二十四小時都是燈火通明，我們的睡眠週期就會受到干擾而混亂。想要養成孩子正常的睡眠時間，最重要的就是天亮時，幫孩子拉開窗簾；夜晚來臨時，幫孩子將燈光漸漸調暗。研究還發現，3C產品螢幕發

散的藍光，波長與太陽光相似，如果在睡前看上三十分鐘，也會破壞睡眠週期，導致孩子變得難以熟睡。

方案③　睡前一小時不要和孩子玩過度興奮的遊戲

孩子對自己身體的疲勞狀態較不敏感，見到爸爸媽媽總是開心興奮，在身體疲憊又興奮過頭時，常會出現失控的情況。爸爸媽媽千萬要記得，睡前一個小時內，不要跟孩子玩會讓孩子興奮的遊戲。如果希望孩子早點睡覺，也不要在睡覺前拿出新玩具給他看，那對孩子來說，會進入進退兩難的狀況。倘若給孩子玩新玩具，孩子一定是玩個不停，非要玩上一個小時才會心甘情願上床睡覺；但如果不給他玩，即使孩子躺在床上，心裡還是惦記著玩具，嘴裡一直念個不停。無論是上述哪種情況，最終的結果都是讓孩子的入睡時間往後遞延一到兩個小時，反而搞得不歡而散。

研究證明干擾孩子專注力最重要的因素，就是睡眠不足。在幼兒期幫助孩子建立規律的生活週期，是爸爸媽媽的首要工作。

以生活週期而言，孩子其實比大人還要來得規律，但是這樣的規律性，需要爸爸媽媽用心引導才能培養出來。要孩子早點上床睡覺並不困難，避免設下不易入睡的陷阱，孩子很快就可以準時上床乖乖睡覺了！

behavior 行為 18

共讀沒耐心
善用手勢與肢體，孩子也愛聽爸爸說故事

近年親子共讀的風氣愈來愈興盛，常常聽到許多爸爸擔心自己故事說得不好，往往將說故事這件重要的事，視為是媽媽的專屬工作。國外研究發現，爸爸說故事的效果其實比媽媽更好，可以讓孩子更喜歡聽故事，有助於提升日後的閱讀能力！

仔細研讀這篇研究，發現影響研究結論的主因不是性別問題，而是說故事的方式。心思細膩的媽媽拿起繪本說故事，往往會注意每一個細節，常常要求自己一個字都不能念錯，要像電腦一樣精確。爸爸念故事則是心隨意走，完全不照劇本，還會添加大量手勢與誇張語調，讓孩子感到非常新奇更加專注聆聽。

專家是這麼譬喻的，媽媽念故事，就像是一齣文藝愛情電影，強調細節與對話，還隱藏著許多隱喻；爸爸念故事，卻像是科幻動作片，有誇張而無厘頭的情節出現，讓人猜不透的劇情愈加吸引人。只能說風格不同，效果當然也就不一樣。

孩子三至四歲間的共讀時光

差別① 不同的故事風格

相對於媽媽而言，爸爸在說故事時，往往會有比較多的肢體動作。透過手勢與動作，更能吸引孩子閱讀時的專注力，也讓孩子聽得更認真。爸爸們在為孩子念故事時，不用擔心自己是否念得結結巴巴，也不需要刻意去模仿媽媽故事，而是善用自己的方式說給孩子聽。就算是同一個故事，從不同人的口中說出來，也會有不同的感覺。孩子們很快就能察覺，每一個人都有不同的想法，表達的方式自然也會不一樣。自然而然孩子學會同一件事情有不同的說法，日後更能舉一反三。

差別② 讓孩子創造故事

爸爸說故事往往會東加西湊，孩子也會熱在其中搶著接著說正確的故事。讓孩子嘗試說故事，既可以練習表達力，也能培養創造力。即便孩子說錯了，爸爸也不用糾正孩子，只要適時引導一下，就會讓孩子繼續說下去。父子（父女）間的共讀時光，常常一開始是爸爸說故事，結果變成爸爸聽故事，這也是另外一種驚喜不是嗎？

差別③ 適當的角色詮釋

研究指出，和孩子講關於勇氣的故事時，爸爸有更好的角色來做詮釋。讓孩子們更加相信，自己可以擁有克服恐懼的勇氣，促使孩子變得更加獨立。孩子在四到五歲時，會特別迷戀爸爸，覺得爸爸是「世界上最厲害的人」，在這麼重要的成長階段，千萬不要因為工作忙碌而缺席。請趁著孩子黏著你、模仿你和崇拜你的時期，帶著孩子一起看書、說故事，引導孩子喜歡上閱讀。

親子共讀不是媽媽一個人的工作，爸爸們有空也要放下手邊的事情，念一篇篇精采的故事給孩子聽。其實孩子們一直都很期待爸爸的故事，而不只是回家以後的一個擁抱而已，現在就讓我們拿起書本，幫孩子說一個床邊故事吧！

behavior 行為

19

討厭看牙醫

爸媽的表情，影響孩子接觸新事物的意願

孩子不喜歡刷牙，每天刷牙就跟打仗一樣，究竟是為什麼呢？蛀牙明明就很不舒服，孩子卻堅持不去看牙醫，這又是為什麼呢？

觸覺是我們人體最大的感覺系統，口腔與臉部是觸覺最敏感的地方。對於觸覺過度敏感的孩子，往往會抗拒把刺刺的牙刷放進嘴巴裡面。這時愈是強迫或威脅，孩子反而會愈來愈抗拒，最後就變成生活中的衝突。就像是洗澡時，不讓你用沐浴球，硬要你用菜瓜布洗澡，你會覺得舒服嗎？

了解孩子的感受是協助孩子的第一步。口腔、臉部的觸覺較為敏感，我們可以用食指指腹按摩，幫孩子在嘴脣四周做按摩的動作，間接刺激牙齦達到減少敏感度。再搭配選擇比較柔軟、細毛的牙刷，孩子接受度提高，自然會比較願意配合。

如果很不幸的，孩子蛀牙必須要去看牙醫，也請爸爸媽媽不要過度責備。你可能不知道，導致孩子不願意看牙醫，最重要的因素是——爸爸媽媽的表情。

孩子不願意看牙醫的三因素

原因① 怕被責備

三到四歲的孩子特別擔心做錯事，也很怕被責備。要去看牙醫之前，請暫時不要和孩子說：「你就是不乖乖刷牙……」之類的話。孩子會因為擔心被責備，而更加抗拒去看牙醫，加上又不清楚究竟會發生什麼事情，誘發焦慮情緒，當然會產生情緒波動。先暫時收起你的責備，和孩子說：「牙醫會把你的牙齒變漂亮。」這樣才會讓孩子更容易接受。

原因②　聽覺敏感

有些孩子對於聲音很敏感，聽到不熟悉的聲音會很害怕，抗拒吸塵器、吹風機等聲音。這類的孩子在看牙醫時，聽到鑽頭轉動的聲音，會覺得渾身不對勁，而出現抗拒的行為。可以在家裡先讓孩子熟悉這些電動工具的聲音，比如讓孩子幫忙自己吹頭髮、使用吸塵器，甚至在大人協助下操作電動螺絲起子。先降低孩子對於這類聲音的抗拒程度，再去看牙醫就比較容易成功。

原因③　爸爸媽媽表情

孩子對於新事物的情緒，容易受到爸爸媽媽表情的影響。根據《國際兒童牙科雜誌》的報導，孩子是否害怕看牙醫，與爸爸媽媽對於看牙醫的態度有關，特別是爸爸的反應。帶孩子看牙醫時，請爸爸不要故意做出害怕或恐懼的表情來逗弄孩子，不然將會變成一場大災難；應該盡量保持愉快的心情，給予孩子安全感才是最好的方式。

孩子的情緒是與爸爸媽媽連動在一起的，平時與孩子互動，請一定要保持正向情緒，不要常常不經意地流露出緊張的表情，容易導致孩子錯誤的連結。依照孩子的年齡，培養孩子自己刷牙的好習慣。三到六歲之間的孩子，雖然已經可以自己刷牙，但是依然需要爸爸媽媽的協助與檢查，一直要到七歲以後，孩子才能完全獨立把牙齒真正刷乾淨。

最後還是提醒大家，盡量不要讓孩子們吃零食，那才是最容易導致孩子蛀牙的原凶。

behavior 行為
20

凡事搶第一
覺得自己很厲害，是自信心發展的必經階段

孩子任何事情都想要當第一，吃飯、拿東西、玩遊戲、上樓梯、洗澡等都想要當第一，搶第一之後，伴隨的就是出現許許多多大大小小的爭執。當孩子得到第一往往會非常開心，如果沒有得到第一，就會出現哭鬧或生氣等負面情緒。

孩子在三至四歲時，開始進入自信心的發展階段，透過模仿大人與自己實際操作的過程，培養出良好的自信心。這時孩子會覺得自己是所向無敵的，並且期望自己可以變得愈來愈厲害。他們的表現不外乎是透過多加的嘗試與學習，吸收外在新知識，期望自己是最厲害的。在期待自己是最厲害的背景下，就會出現搶第一的情

3-4歲

況。搶第一並非是孩子變壞了，而是一個很正常的過渡階段。

當孩子沒有得到第一，出現鬧脾氣的情況時，請先不要責備孩子，這不是他故意要鬧脾氣，而是害怕自己變得不棒、不厲害所出現的負面情緒。三至四歲的孩子對於情緒類別尚未分化完成，還無法正確表達自己的情緒，在這樣的表徵下，很容易被誤認為是壞脾氣的孩子。

三到四歲的孩子，容易出現搶第一的行為

原因① 自信心發展階段

三至四歲的孩子非常在意自己的表現，很喜歡學大人做事，覺得自己已經脫離小孩子變成大人了。透過模仿過程，孩子覺得自己每天都變得更厲害，從中培養出良好的自信心。由於孩子急切地想要獲得自信心，容易出現想要表現贏過別人的情緒，而有爭搶的行為。這時候可以採取幫孩子分組的方式，讓每個孩子都有獎，減少孩子間的衝突。

原因② 類化概念的發展

孩子開始學會分類，將「棒的」和「壞的」分為兩組，但卻又過度簡化，導致孩子對於「小孩子」「弟弟」「妹妹」「小的」等比較詞彙變得特別敏感。常常會因為被喊一聲小妹妹，就突然覺得自己不厲害，自信心遭受打擊，而莫名其妙哭鬧起來，還會一直回答：「我不是小妹妹，我是姊姊。」這時不是和孩子解說道理，而是不要再用小名，改用本名稱呼他，即可避免生活中可能出現的小衝突。

原因③ 情緒控制未成熟

五歲以前孩子還沒辦法妥善地自我控制情緒，需要適當的外在協助。請不要一直耳提面命告訴孩子：「要控制好自己的脾氣」，而是教導孩子使用適當的策略，讓孩子獲得成功經驗。當孩子情緒失控時，先適時地轉移孩子注意力，再做後續處理。這種方式往往會比和孩子說大道理，更容易讓孩子學會如何控制自己的情緒，那才是幫助孩子最好的方法。

我們必須知道：搶第一並不是一件壞事，更是孩子主動學習、尋求表現的關鍵。請不要強迫孩子不可以搶第一，以免導致孩子的自信心受到壓抑，可能會讓孩子日後變得被動，到時反而得不償失。

幫助孩子培養出足夠的自信心，引導孩子學會排隊與輪流，讓每一個人都可以當第一，自然而然也就能解決問題了。

Part 3

專注發展

5～6歲

隨著動作、表達、社交的成熟，孩子就像是一個小大人，有時甚至會說出一些讓大人驚豔不已的話語，逗得爸爸媽媽非常開心。

這個時期孩子開始脫離家庭保護，嘗試融入團體生活。與朋友互動過程中，學習堅持與妥協。透過反覆練習，孩子學會控制自己的慾望，並且遵守社會規範。

21 行為 愛挑三揀四

22 行為 慾望無限大

26 行為 趴著寫功課

27 行為 開始會說謊

行為
不願意上學

行為
欺負好手足

行為
搞不懂注音

此時孩子更要開始學會責任感，對自己的行為與工作負責。透過完成工作的過程，幫助孩子漸漸延長注意力的時間，這正是他培養「持續性注意力」的關鍵。如果這時的他，仍然茶來伸手、飯來張口，沒有練習做事，又哪裡有機會培養專注力呢？

當孩子愈來愈大，請減少我們每件事情都幫忙的疼愛，不要凡事幫孩子做好做滿。而是讓孩子自己動手，才是對孩子最好的疼愛。

行為
想要當老大

行為
有攻擊行為

行為
囉嗦講不停

behavior 行為 21

愛挑三揀四

當孩子的篩選器，簡化選項培養選擇性注意力

前些日子由於工作的關係，原本都會招呼寶貝們吃早餐的媽媽，因為一早就要去上班，準備早餐的任務改由阿嬤來擔當。阿嬤真的是非常疼孫女，通常只要準備兩分一樣的早餐就可以了，愛孫心切的阿嬤準備了四到五樣不同的早餐，希望讓寶貝孫女們自己選想要的來吃。

阿嬤出於好意的早餐多選項，出現非常有趣的場景——兩姊妹莫名其妙地吵起來了。妹妹一邊不停哭著，追著姊姊跑；姊姊一邊跑著，一邊把蛋糕捲拚命地往嘴裡塞。這個畫面不是孩子愛吵架，也不是姊妹倆不會禮讓，而是我們不知不覺挖了個

陷阱給孩子跳。

對於孩子而言，選擇超過三個就不是選擇，而是一個陷阱。當可以選擇的數量過多，超過孩子的處理能力，他們就無法判斷出自己真正想要的東西，而更傾向於選擇別人所做的決定。結果可想而知，只要一個選A，另一個就跟著選A；一個選B，另一個就跟著選B。想當然就是一次又一次的爭吵，因為兩個人老是做出一樣的決定。

就像是在超級市場中，想買一瓶廚房清潔劑，架上滿滿的有十多種不同品牌，一下有機成分、一下去汙力超強、一下又價格最優惠，你會決定買哪一個呢？這往往需要花一些時間思考，甚至會想要拿出手機Google一下，看看網友的試用心得，比較哪一種好用？更多時候，就乾脆放棄購買，下次有空再買好了。如果只有三個品牌呢？這樣的決定就變得容易許多，一下子就可以做出決定，不必費時考慮半天，很快速地就可以挑選出來拿到櫃台結帳。

這樣的道理再簡單不過，但我們卻常常犯相同的錯誤，認為提供多種選擇是尊重孩子的自主意願，但其實這是在為難孩子。就像是出選擇題，只有ABC三個選項，選起來比較容易。如果今天出題老師細心詳盡，特別將每題都額外加上DE選項，你會覺得老師比較好，還是比較機車呢？我們自己經常在無意間出於「好心」，當了一個「機車」的爸爸媽媽，卻又錯怪孩子不願意配合，讓自己氣得要命！

選擇邏輯原來和年齡有關

選擇年齡①　兩歲的孩子——選擇最後面的

兩歲的孩子最喜歡說不要，不論你說什麼，他的回答都是不要。這時候如果你要他選擇，因為短期記憶尚未成熟，所以經常會選擇後面那一個。帶兩歲的孩子可以運用這個特質，把你希望他選擇的選項，放在最後面讓孩子來選擇。

選擇年齡②　三歲的孩子——選擇完又後悔

三歲的孩子已經可以經過判斷做選擇，但是因為預期能力尚未成熟，常常在選擇後又會後悔。例如：要吃蘋果還是香蕉，孩子明明選擇蘋果，但是看到你吃掉香蕉，就突然哭了出來。這不是孩子在鬧情緒，而是與階段年齡發展有關。這時可以特意留一點點香蕉，跟孩子練習互相分享，這樣就可以解決問題了。

選擇年齡③ 四歲的孩子——超級猶豫不決

四歲的孩子終於可以真正做決定，但是很容易猶豫不決。一下子想要拿A，下一秒又要拿B，總是換來換去的。孩子開始對於自己的決定，負起承擔的責任，也因此會陷入困境，擔心自己的決定不夠正確。幫助孩子適當地減少選項，就能解決拖拖拉拉的問題。

孩子的選擇性注意力尚未成熟，每一樣看得到的東西他都很感興趣。爸爸媽媽要當孩子的篩選器，幫孩子簡化選項，才能培養他的專注力。

不是給予的愈多，就是愈疼愛孩子的表現。有時東西愈是複雜，孩子也就愈難做出正確的決定；給予的愈是單純，孩子才能愈容易配合，不是嗎？請爸爸媽媽記得，當選擇超過三個選項，對孩子而言就不是選擇而是陷阱！

behavior 行為

22

慾望無限大

釐清要與想要，協助孩子做出正確判斷

隨著孩子漸漸長大，對於環境的觀察變得愈來愈敏感，很多時候會說出一些我們從來沒有教過的話，有時會讓爸爸媽媽感到小驚喜，有時也會因此惹上一些小麻煩。就像「廣告」對於五歲的小孩，突然之間擁有超強的吸引力，會讓孩子開始想要買一些東西。

記得耶誕節快到的某個早上，寶貝女兒看到我，居然說：「爸爸，我想要買妖怪手錶，可以嗎？」

女兒想要買玩具並不是件稀奇的事，但是就是有那麼一絲絲怪怪的感覺，一開始也說不上來，很難直接回答她好或不好。記得姊妹倆每次看到「妖怪手錶」，總是跟著主題曲唱唱跳跳後，就要求轉台看其他的卡通。如果以這樣的觀察來看，她並沒有很喜歡「妖怪手錶」這個卡通。當她提出要「妖怪手錶」來當耶誕禮物時，還真的是件很奇怪的事啊！

這時如果直接拒絕她，鐵定會誤會為沒有耶誕禮物，一定又會變成一場小災難；但是直接答應她，又覺得不妥當，到時肯定會出問題。我先蹲下來跟她說：「好的，我先去找找看，你跟爸爸說是在哪裡看到的？」她非常認真地回答：「就是在電視看到的。」我點點頭表示我聽到了，然後就先出門上班。

趁午休的空檔，透過Google大神，一下就找到女兒說的廣告。看起來真是很神奇，只要將「妖怪徽章」插入「手錶」，馬上就會有「招喚音樂」和「立體投影」出來，顯示出各種可愛造型的妖怪。當然，我直覺那是廣告效果，如果真的有「立體投影」功能，那就不是一千塊的售價，可能上萬元也都跑不掉，因為連我也覺得很炫，哈哈！孩子畢竟是孩子，還沒辦法分辨真實與虛幻之間的差別，也沒足夠的技巧去獲取更多的訊息幫助自己做出正確的判斷。

我又再找了一下開箱影片，非常確定沒有「立體投影」，而是錶面閃光和音效。以我對於她的了解，如果真的收到這個耶誕禮物，應該是玩不到十分鐘就會興趣缺缺，最後就躺在她的玩具箱裡面。倒不如買一個她真正喜歡的玩具，才會常常拿出來玩，這樣也比較有意義。回家後，我與女兒討論了一下我查到的資料，提醒女兒這個玩具只有音樂功能，並沒有她預期的光影呈現樣子，果不其然，她就表示那她不要這個玩具當耶誕禮物了。

孩子沒有那麼難說服，有時候只是當下突然想要買什麼。此時不是立即拒絕她，而是提醒孩子想一想自己真正想要的是什麼？透過你的引導，孩子往往就能知道自己想要的，而不會不停地堅持自己未必真心喜歡的玩具。

破解孩子吵著要買玩具的主因

破解① 當下看到的慾望

孩子因為突然看到新奇玩具出現的暫時性慾望，一下子就會結束，就算真的買了，回去也一定只會玩一下子。這時候最好的解決方式，就是提醒孩子真正想要的玩具，然後運用這個藉口，先離開眼前的刺激物，孩子很快就會遺忘了。幫孩子轉移注意力，想到其他快樂的事情，往往是最好的方式。

破解② 「要」「想要」分不清

四歲前孩子的表達技巧還沒成熟，甚至會過度簡化。對孩子而言，「要」可能有很多意思，「要買、想要、希望、可以」都有可能。當小小孩說：「我要大象」，當然不是要買回家，可能是我「想要去看」大象。請爸爸媽媽不要一開始就發脾氣，立即拒絕孩子；也不要每次都買，讓孩子養成壞習慣。

破解③ 因為同儕的壓力

五歲以上的孩子，容易因為同學都有同樣玩具的同儕壓力，而想要買特定的玩具。本質上，孩子不是吵著買玩具，而是期望可以交朋友。這時必須要釐清孩子的慾望，了解孩子在學校裡的生活，再做適當的決定。

現代的父母，陪伴孩子的時間愈來愈少，往往會以買玩具給孩子當作補償。當物品選項太多時，孩子的專注力反而更容易分散。愛孩子不是無條件的付出，而是掌握正確原則下，協助孩子培養持續性專注力。

當孩子要求買東西時，不是當下直接拒絕，也不是立即同意，而是帶孩子找出買東西的初衷，協助孩子做出正確判斷。不論爸爸媽媽最後的決定是要買或不買，請記得千萬不要買了，又抱怨孩子不珍惜。因為那是我們大人決定要買的，而不是孩子。

behavior 行為

23

不願意上學

遵守準時接送承諾，建立信任感和時間觀

暑假最後一週，往往是全家最忙碌的時刻，爸爸媽媽無不希望可以讓孩子的假期，留下歡樂而美好的回憶。告別了歡樂的假期，開學的第一天，不要說孩子自己不習慣，連大人也都會要調整一下自己的步調。

特別是對於幼兒園的小小孩，在可以黏著爸爸媽媽幾十天後，再度要與爸爸媽媽分離，往往是一個挑戰。對於那些第一次要踏入校門，展開全新生活模式的孩子們，面對全新的環境與不認識的朋友，更會是一場勇敢的冒險歷程。

5-6歲

開學後的前幾週，請爸爸媽媽務必準時去接孩子，讓孩子吃下一顆定心丸，相信你會遵守承諾，每天都會準時接他回家。千萬不要覺得遲到個十分鐘，沒有什麼大不了。對於小小孩而言，十分鐘跟一小時一樣長久，這不是時間長短的問題，而是兩個人之間的承諾。

五分鐘、十分鐘、半小時究竟是多久呢？這個問題對於孩子來說，真的是太難了。心情好的時候，時間一下子就過了，就算是半小時也像五分鐘；心情不好的時候，時間過得慢吞吞，連個三至五分鐘也覺得難以忍受。就孩子而言，時間一直都是情緒性，而不是物理性。請爸爸媽媽一定要準時去接孩子放學，千萬不可以遲到喔！

開學症候群，上學哭鬧的原因

原因① 適應度比較弱

從每天黏著媽媽，到一大早必須離家，這樣巨大的變化，對孩子來說是一個大挑戰。孩子的適應力比較弱，需要較長的時間才可以適應。通常需要二至四週的時間，孩子才會真正熟悉改變。愈規律、愈可預期的生活模式，孩子也就愈能調適。

原因② 時間概念進步

在兩至三歲時，對於時間概念還處於模模糊糊的階段，媽媽晚一點來，孩子大致都不太有感覺。到了四到五歲時，已經有明確的時間概念，爸爸媽媽只要稍微晚一點來接，就會感到焦慮。所以時間一到，孩子馬上就迫不及待地希望爸爸媽媽出現在眼前。當孩子抱怨你遲到，這不是孩子愛找麻煩，而是時間觀念進步的象徵。

原因③ 被喚起的焦慮

看著旁邊的同學，爸爸媽媽一個一個都來接他回家，只有自己一直等不到爸爸媽媽。一次一次的等待，喚起他一次一次的焦慮。由於和你的承諾被破壞，小腦袋裡一直擔心：「媽媽是不是發生什麼事，為什麼還沒來接我？」為了避免這樣難過的感受，隔天早上鐵定變得賴皮，打死不肯去上學。

開學的第一週是孩子能否乖乖上學的重要關鍵，請遵守你與孩子之間的承諾，唯有讓孩子產生信任感，當他再度要離開你身邊去上學時，才能卸下不安無憂無慮地出門。請不要小看這一件事，對於孩子來說，這可是一等一的大事情，也是讓孩子喜歡上學的關鍵。

如果真的無法準時去接孩子，也一定要和孩子說清楚，不要開空頭支票。那只會破壞你們之間的信任感，反而讓孩子陷入焦慮，變得更不願意上學。

behavior 行為 24

欺負好手足

減少彼此競爭，調和手足階段發展衝突

孩子很不乖？很愛生氣？喜歡無理取鬧？有時問題不是出在孩子本身，而是出在弟妹身上。哥哥和弟弟只要兩人分開帶，一切都很ＯＫ，就像是可愛的小天使。但是只要兩個人湊在一起，不到幾分鐘，不是兩個人搶來搶去，就是一個哭著告狀，搞得全家雞飛狗跳。很多時候並非是孩子不乖，而是我們有意無意之間，鼓勵孩子們之間的競爭。

當孩子相差兩歲半到三歲半之間，手足競爭的風險最大。特別是一個四歲、一個兩歲的家庭，往往讓爸爸媽媽頭痛不已。因為四歲的哥哥，正在發展學習如何掌控權力；偏偏兩歲的妹妹，開始發展自我概念而不受控制。在發展階段上，兩人做的事情都是對的，但是發展目標卻是相互衝突。這時需要父母運用智慧來幫助孩子，千萬不要一再地要求哥哥讓妹妹，強勢的介入往往會導致手足之間產生更多的摩擦。

千萬不要動不動就開口說：「你是哥哥，所以要……。」哥哥聽到這樣的話，心裡一定想著我是哥哥就應該倒楣嗎？這樣的話一開口，不單單沒有鼓勵到孩子，反而會讓哥哥變得想要去模仿妹妹，而出現退化行為，結果更容易讓哥哥被處罰。

孩子的情緒控制，要到六歲時才會日漸發展成熟，那時兄弟爭吵的頻率應該會降低許多。如果在哥哥四歲時採用高壓的威脅或處罰，往往只會讓哥哥不滿的情緒更強，甚至引發報復心理，到時要處理可就更複雜了。

三個小方法，化解孩子爭吵高峰期

方式① 減少彼此競爭

孩子爭吵了，大人需要做的第一件事情，就是盡量減少比較，減少彼此的競爭關係。請不要用妹妹的表現來威脅哥哥，例如：「你看妹妹都可以乖乖坐好」或「如果你不乖，那我就給妹妹」等威脅、比較式用語，這樣只會增加孩子之間的競爭。哥哥如果做錯事，可以直接的責備，但是請不要用妹妹來當處罰的藉口。孩子會覺得，若我是妹妹，是不是做錯了也不會有事？反而會出現哥哥故意陷害妹妹的情況，到時問題可就更麻煩了。

方式② 不要充當裁判

吵架並不是一件罪大惡極的事情，而是因為溝通技巧不成熟，出現的暫時情況，只要沒有動手傷害對方，請不要過度介入孩子之間的紛爭。當兄妹之間發生爭吵時，請不要當裁判，不然兩邊都會覺得你偏心，反而讓狀況變得更加複雜。衝突發生時，先將兩個人分開，讓孩子自己決定是要原諒對方，還是一起被處罰。孩子們往往會決定原諒對方，問題也就可以跟著解決。

方式③ 單獨享有爸爸媽媽

對於哥哥而言，妹妹雖然有時候很好玩，同時間卻也搶了媽媽對我的關注，也因此會出現又愛又恨的情緒。每個孩子都希望得到父母全心全意的愛，在哥哥的內心中，偶爾也會希望回到妹妹還沒出生的時光，可以黏著妳、靠著妳。請安排孩子與妳單獨去玩的時間，這個約會會是孩子最期望的獎勵。

大人的要求孩子多數都會願意配合，只是不知道應該如何去做，我們需要教孩子的是方法，而不是給予處罰。就像是第一次當主管的人，管理與溝通都是需要學習的。當哥哥也是這樣，要學習如何教妹妹，只是他的運氣不好，這個妹妹一直都不太聽話，而且還喜歡越級告狀。

請記住，不要因為妹妹做錯事而處罰哥哥，不然哥哥的脾氣鐵定會變得更壞，因為他會覺得自己老是被妹妹陷害。調整好我們的心情，盡量做到上面三點，不用生氣或處罰，你就會發現我的孩子即便長大了也是好可愛。

behavior 行為 25

搞不懂注音

避免認知錯亂和混淆，學習符號一次只能學一種

孩子進入國小前，究竟應不應該先學ㄅㄆㄇ？這真的是一個眾說紛紜的問題。一半的人認為應該讓孩子快樂長大，另一半的人認為不要讓孩子輸在起跑點，好像一直都沒有一個定調。但是有一個絕對的標準答案，那就是「ㄅㄆㄇ」和「ＡＢＣ」絕對不可以同時教。

「ㄅㄆㄇ」和「ＡＢＣ」是兩個完全不同的拼音系統，也都需要將抽象符號替換成聲音。兩者若分開時間來教學，讓孩子記憶與熟練，那是絕對沒有問題的。如果同時教孩子「ㄅㄆㄇ」和「ＡＢＣ」時，問題可就大了。

如果我在紙上畫上寫一個「ㄚ」，請問應該要念「阿」？還是念「歪」？或是「一」呢？同樣一個「ㄚ」，注音符號上要念「阿」，在ABC要念「歪」，在拼音上要念「一」。究竟「ㄚ」要念什麼呢？有沒有突然覺得很複雜，有一種到底是在搞什麼鬼東西的感覺。

這個道理並不難懂，小孩子學拼音符號，就像是我們在學電腦打字一樣。有人用注音輸入法，有人用倉頡、嘸蝦米、拼音輸入法，甚至還有大易或行列輸入法。每一種輸入法都有它的擁護者，但是如果我要求你同時學兩種輸入法，前三十分鐘用注音，後三十分鐘用嘸蝦米，你覺得合理嗎？還是覺得我在刁難你？

不論哪一種輸入法，在熟練之後都能學會，但是如果同時練習，那只會造成混亂。像我在電腦前打字是用注音輸入法，但在手機上是用拼音輸入法，兩者我都非常習慣了。但我是先學「注音」再學「拼音」，而不是同一個時間學習兩種方式。大人都已經是如此了，更何況是孩子。你覺得同時教孩子「ㄅㄆㄇ」和「ABC」，對孩子的學習有益？還是有害呢？

語言學習三大要點

要點① 爸爸媽媽不要太著急

爸爸媽媽過度擔心孩子學不會、學不好，所以早上拿ㄅㄆㄇ圖卡，下午看DVD英文影片，結果孩子不是中文、英文都OK，而是大腦大打結，兩者都搞不清楚。孩子語言學習的路上，最需要放輕鬆的是爸爸媽媽。對孩子而言，一種符號只會有一種讀音。先教一組拼音符號，等到半年後，再教另一組效果才會比較好。

要點② 學習以認識為主

孩子在四歲後，對於符號的概念才剛剛萌芽，學習上主要是以認字為主，而不是寫字。在生活環境中，透過環境布置的方式，讓孩子有更多的機會可以看到ㄅㄆㄇ，隨時隨地讓他接觸這個符號，有機會就跟孩子解說個符號的發音，會比你坐在書桌前面教，更容易讓孩子記得。在日常生活中熟練，才是最重要的關鍵。像是在書桌前貼上ㄅㄆㄇ的符號表，雖然看起來有點俗氣，也是挺管用的。

要點③ 避免拼音的混淆

臨床治療上拼音困難的孩子，最常出現的就是英文與注音混淆，明明手裡寫的是ㄕㄚ（沙），嘴裡念的卻是ㄕㄨㄞ（摔）。仔細想想也滿有道理的，若他將中文與英文一起拼，「ㄕ（師）＋ㄚ（歪）」不念「摔」又要念什麼呢？不是孩子們不聰明，而是我們把他的腦子搞混了。

拼音符號的學習，不論是先讓孩子認識「ㄅㄆㄇ」，或是讓寶貝先學「ＡＢＣ」，真的都沒有問題。最大的問題是兩種符號，在同一個時間點一起開始學。請運用你我的智慧，幫孩子避開可能遇到的學習問題。

behavior 行為

26

趴著寫功課

改善握筆姿勢，就能端正坐姿把字寫好

孩子寫字老歪著頭，整個人好像趴在桌上，距離書本那麼近，以後近視怎麼辦？不管媽媽如何耳提面命，孩子就是只能配合一下。常常是媽媽坐在旁邊，可以乖乖坐好，媽媽一離開又馬上趴下來，真的是把媽媽氣炸了。難道真的要把棍子拿出來，好好教訓一番，才能坐好嗎？

很多時候不是孩子不配合，而是孩子做不到，特別是握筆姿勢有問題時。因為孩子握筆姿勢不佳，當他的手拿著鉛筆時，視線被自己的拇指遮住了，因為看不到筆尖，只好歪著頭、靠近一點，才能看清楚自己寫的字。

這時要求孩子身體挺直、頭抬高，跟要求孩子眼睛閉起來寫字，根本就是一樣的事情。兩者都是看不到，怎麼能夠繼續寫字？孩子乖乖配合坐好後，我們又抱怨他字寫得醜、寫得慢。如果你是孩子，你會不會覺得很冤枉？

若握筆寫字出現問題，首先要做的不是責備他，而是陪著他找出握筆姿勢不良的原因，當孩子學會正確的握筆姿勢後，自然就能端正坐在書桌前不再趴著寫字。

無法好好握筆寫字的原因

原因① 當湯匙取代筷子

你有沒有發現拿筷子的方式，就像是同時拿兩支鉛筆呢？東方人每天拿著筷子吃飯，就是在幫孩子寫字、握筆打好基礎，如果你可以拿筷子三十分鐘，當然寫字也就能持續三十分鐘。現在孩子喜歡用湯匙吃飯，愈來愈少使用筷子，手指練習的機會當然就變少，要拿好筆寫字也就較困難。不要因為疼愛孩子，四歲以後還在一口一口餵孩子吃飯，那反而是陷害孩子喔！

原因② 手腕穩定度不足

我們小時候很少有人能擁有自己的書桌，常常就是拿著粉筆在圍牆、馬路上亂畫一通，要不就是拿著樹枝，在泥土上刻出線條。相對於在桌子水平面上寫字，過去生活更多時間是在垂直面上寫字，透過垂直面給予支撐，讓手腕穩定度得到充分練習，長大寫字時才不會出現倒鉤的情況。這個舉例不是鼓勵孩子在牆壁上作畫，而是提醒你要給予孩子手腕力量的練習，小時候常做的拍球動作就是絕佳運動！

原因③ 食指指尖力量差

握筆時需要拇指與食指捏著鉛筆，中指靠著鉛筆提供支撐，才能流暢地運用鉛筆。如果食指指尖力量不足，不就握不住鉛筆？這時孩子很聰明，會用大拇指來代替，把拇指壓在食指上，這樣就可以握好鉛筆，缺點就是拇指把指尖遮蔽了。趴著寫字的關鍵不是孩子乖不乖，而是孩子食指指尖力量夠不夠。孩子食指指尖力量好不好，最簡單的觀察就是看他可不可以撕開零食包裝袋。透過撕開動作，讓孩子發展食指指尖的力量！

孩子不是不願意配合，而是碰到困難時，他說不出無法完成這件事的原因。帶孩子就像是當偵探，一步一步地順著線索，找出問題產生的真相。只有掌握到真正的原因，才能有效協助孩子解決問題。

想想看吃飯比較累？還是寫字比較累？鐵定是寫字比較累吧！如果一個孩子拿湯匙吃不到三十分鐘手就沒力，還要張口讓爸爸媽媽餵，如何要求他一口氣寫完三十分鐘的字呢？不是孩子寫字不專心，而是我們沒有幫他建立好習慣。

吃飯是孩子最好的寫字練習機會，當孩子四歲以後，請讓他端起碗拿起筷子練習自己吃飯。小小的舉動，同時也是培養孩子持續性注意力的關鍵。

behavior 行為 27

開始會說謊

了解說謊動機，引導孩子解決問題

小孩子常常會因為認知思考上的限制，或者是因為不認錯，而出現堅持己見，常常就會有「睜眼說瞎話」的情況出現。請不要過度擔心，讓自己陷入「我的孩子怎麼這麼小就會說謊話……」的焦慮之中。

根據研究顯示，兩歲時有二〇％的幼兒會說謊；三歲約五〇％；四歲約八〇％，絕大多數孩子在五歲時會有說謊經驗。看到這裡，請爸爸媽媽不用特別擔心，若發現孩子說謊，請不要先懷疑是不是自己做錯什麼事，或是擔心孩子學壞了。我們需要做的是——教導孩子誠實的好處。

說謊並不是一件好事，但也沒有我們大人想像的那麼嚴重。我們需要培養孩子誠實的品格，但不是要求孩子百分之百完全不能說謊，特別是有些社交需要的「善意謊言」。與人互動若太過直白，往往不是誠實，有時是惱人的白目行為。絕大多數的孩子在三至四歲間，開始會出現第一次說謊的情況。

從兒童發展觀點看孩子說謊

能力① 理解他人想法

說謊第一步，就是要了解這件事情「只有自己知道，但是別人不知道。」如果別人都已經知道，還想要說謊，肯定是百分之百會被抓包。孩子在發展過程中，隨著大腦逐漸成熟，綜合之前的經驗與過去習得知識的能力，已經開始會推理他人的想法。

能力② 控制臉部表情

說謊第二步，要能控制自己的情緒，不能一成功或爸爸媽媽掉入設下的陷阱就露出得意的笑容，不然鐵定會被爸爸媽媽發現。孩子要先有足夠的情緒控制能力，才能說謊不被發現。很多孩子都會說謊，說謊是否會被抓包的關鍵在於「控制臉部表情的能力」，有的孩子一說謊就會被發現，但有些孩子的謊言，會讓你聽起來說得跟真的一樣。

能力③ 故事描述能力

說謊第三步，需要在大腦中虛構出一個場景，並且準備好演員們，描述出一個故事，透過流暢的表達能力，經由嘴巴說出來。如果孩子說得支支嗚嗚，往往就容易被別人懷疑而無法成功。

說謊不是百分之百的罪惡，而是孩子在有所突破性的發展過程中，暫時出現的情況。發現孩子說謊，重點不應該先放在孩子怎麼會說謊，而是了解孩子說謊的動機。如果孩子說謊，是為了保護自己的安全，那絕對是無可厚非，不需要嚴厲處罰，而是引導孩子使用更恰當的方式。如果孩子是刻意說謊來陷害別人，或者為獲得他人獎賞而說謊，就必須要立即制止與處罰，千萬不能姑息。

同樣的行為因為動機的不同，大人處置的方式也要跟著調整。最重要的原則都是一樣的，不要急著處罰或責備，而是靜靜地聽孩子把話說完，了解孩子在想些什麼，你就知道應該要如何處理了。

想要孩子說實話，最重要的不是嚴格處罰，而是大人也要具備聽得下「壞消息」的能力。

讓孩子知道對爸爸媽媽說實話，是不會被處罰的，而且爸爸媽媽還會一起幫助他想出解決的辦法，那麼孩子自然就不會再說謊了。這才是身為父母的我們，對待孩子的正確做法！

behavior 行為

28

想要當老大

找到對的模仿對象，教孩子學會控制情緒

孩子們玩遊戲時，常常會出現爭吵的情況。為了一個玩具應該要放在哪裡，彼此間堅持不下，甚至出現推擠、威脅、打人的情況，真讓爸爸媽媽冏很大。我的孩子在小時候，明明脾氣就很溫和，為什麼才過一年，就變得這麼容易生氣？是孩子在幼兒園學壞了嗎？還是被同學欺負了？

孩子四至五歲時開始出現控制慾，想要掌控權力要求別人聽他的，會變得愈來愈有自己的主見。同個年齡層的孩子每一個人都有自己的想法，當三、四個小朋友聚在一起時，爭論到底要聽誰的場面難免會出現，小小摩擦與爭執就此發生。

控制慾不是壞事，從另一個角度來看，這是孩子出現領導能力的關鍵。當孩子在同伴中想要掌控遊戲的走向，要求別人配合他的想法，這是一件很值得鼓勵的行為。

控制行為的出現，要在意的關鍵並不是孩子太愛命令別人，而是使用的方式是否恰當。如果非常強硬的要求孩子不可以有任何意見，將來孩子在團體中，會變得不敢表達自己想法，只會乖乖配合別人，這樣的人際互動對孩子來說其實不太好。

正因如此，不建議家長採用打罵或責備等高壓方式要求孩子改變。而是應該找出孩子愛爭吵的可能原因，協助孩子學習符合社會期許的方法。

控制他人前，孩子腦袋瓜裡想的是什麼？

想著① 急著想要長大

孩子過於急著想要長大，希望展現出自己的能力讓同伴們佩服，才會出現想要在團體裡掌控決定權的行為。但是因為技巧尚未成熟，當同伴不配合時就會出現彼此爭執的情況。最好的方式就是幫孩子培養一項嗜好，像是彈鋼琴、摺紙、圍棋等活動，讓孩子可以明顯地優於同齡的孩子，當有明顯的優勢後，孩子們之間的爭執也就會減少了。

想著② 不當的角色模仿

當孩子喜歡特定動物時，常常會出現模仿的聲音或動作。年紀小的孩子較喜歡巨大、強壯的動物，像是大象、長頸鹿、獅子、熊或恐龍等。這是一個象徵性的意義，表現出孩子想要變得強壯。隨著年紀漸漸變大，甚至到了青少年時期，有可能就會轉而喜歡較為嬌小、需要被照顧的動物。如果孩子的「偶像」是獅子、恐龍等肉食動物，就可能會出現威脅動作，而被誤認為脾氣暴躁。這時可以引導孩子喜歡不同的動物，改變模仿對象也會有幫助。

想著③ 情緒控制未成熟

自我控制的能力，通常要等到五歲半後才會出現。當情緒被誘發出來，就像是脫韁野馬失去控制。深呼吸是最常使用的方式，透過調節自己的呼吸，誘發副交感神經活化，達到穩定情緒的功能。對於孩子而言這真的有點困難，建議用閉氣活動來引導。就像在游泳池潛水一樣，先大大的吸一口氣，然後捏著鼻子閉住呼吸，在心裡默默從一數到十。透過將注意力轉移到控制呼吸以及數數，間接達到控制不發脾氣的目標。

孩子絕對不是因為想要爭吵，才跟朋友們一起玩，只是太想要控制全局，才會不小心出槌。若大人排解糾紛的方式是刻意將孩子跟朋友分開，反而是剝奪孩子在人際互動上練習的機會。引導孩子改變外在行為，減少爭吵頻率，與同伴的互動開始改善，就能交到許多好朋友喔！

behavior
行為
29

有攻擊行為
學會堅持與妥協，發展出與人互動的社交技巧

孩子們在一起玩，難免會出現爭執、吵架的情況。不論是搶玩具、爭先後、交朋友，甚至是吸引爸爸媽媽的注意，都會導致孩子們吵成一團，甚至出現動手推人的情況。

當孩子們發生爭執時，最好的方式就是在旁觀察，盡量不介入孩子們的爭執，讓孩子們可以從中學習到堅持也練習到妥協。這樣的過程裡，孩子會在堅持與妥協中慢慢取得平衡點，發展出適當的社交技巧。

不介入孩子們的爭執，並不是放任。當孩子已經用右手抓著另一個孩子的頭髮，高舉左手握緊拳頭準備要攻擊他人時，當然就要出面干預加以制止，立即將兩人分開，以免傷害到別人。絕對不是放任孩子，讓他們打出勝負，因為打贏的人並非就是對的。更何況當他人出現打人動作，要孩子打回去才公平的觀念，也是錯誤認知，會導致長大後產生攻擊行為。

攻擊行為好發在四歲左右，想要在活動中獲得掌控權希望大家都聽他的。若受到同儕的拒絕，攻擊行為就容易被誘發出來。孩子們常常在玩遊戲時，由於意見爭執不下，別人不願意讓他，大腦轉了老半天找不到其他方式，情急之下就張大嘴巴咬下去，或是出現動手拉扯的動作。此時的孩子因為自我控制尚未發展好，難免會出現動手動腳的情況，需要大人從旁引導與協助，讓孩子了解在社交場合與人相處時，要拉出一條可以被他人接受的界線。

隨著年紀漸漸長大，等到五歲以後，孩子具備「抑制衝動」與「調適情緒」能力，這樣的情況就會漸漸減少，而改用商量或吵架的方式互動，動手的行為會慢慢遞減。

如果孩子自我控制尚未成熟，情緒調適還沒發展時，我們就教導孩子「被打了就要打回去」，你覺得這樣好嗎？

正因如此，不要在孩子被人欺負時，就給孩子「你就打回去」這種似是而非的答案，這只是挖洞給孩子跳，總有一天會自食惡果。

動手打回去，會讓孩子的人際互動遇上阻礙

觸礁① 不會控制情緒

一開始的確是被弄到不舒服，忍不住了才回手。但是當回手習慣了，就會變成只要覺得不舒服就打人，根本連忍都懶得忍。五到六歲正是情緒調適的發展階段，我們卻教他不需要練習，照著自己的感覺走，當然每一個孩子都火氣十足，活脫脫的像是小霸王。當孩子深信「打贏的」才是最厲害、最棒、最強的人，你覺得孩子日後的人際關係真的會好嗎？

觸礁② 不會保護自己

「保護自己」與「生氣打人」是完全不同的事情，教孩子要保護自己的技巧，而不是被冒犯了就可以動手打人。當別人惹我生氣，也是冒犯到我，是不是也可以依樣畫葫蘆打人呢？保護自己的方式很多，打架只是其中一種不恰當的選項，當你教孩子打回去的那一刻起，就要有這樣的心理準備——哪天當孩子眼睛腫成黑輪時，請不要怒氣沖沖地去找對方家長理論，因為孩子的黑輪只是他打輸的結果。

觸礁③ 人際大衝突

如果孩子真的聽你的話，打遍天下無敵手，你是要高興呢？還是要難過呢？這樣的孩子在幼兒園時，大家年紀都一樣、身高體型差不多，加上老師時時刻刻陪在身邊，問題不會浮現。等到進入小學，一到六年級的身高、大小個子差距很大，下課時間一到所有學生都奔向操場時，大大小小的孩子全部都混在一起玩，這時老師已無法隨時陪伴在側，到那時人際間的衝突才是真正要白熱化的時候。

帶孩子、教孩子不能只看眼前的事情，而是要幫孩子看得更長遠。請不要教孩子「你就打回去」那樣的情緒性動作，因為那只能解決當下的情緒，卻可能導致孩子未來與他人互動上產生困擾。

behavior
行為
30

嘮嗦講不停
練習說故事，發展口語表達能力

五歲左右，孩子開始會想要搶著念繪本給大人聽，模仿你說故事的樣子。這時請千萬不要阻止孩子的熱情，而是將念繪本的主導權轉交給孩子讓孩子嘗試看看。這是一個很棒的機會，趁著孩子超愛講話時期，把握機會鼓勵孩子說故事給你聽。

愛說話在重視表達能力的現代社會，是一個增進與人互動的強項。想想看，一個人，如果可以把故事說得生動有趣，讓聽眾豎耳傾聽，相較之下就更能打動人心。說一個「好故事」往往比講一個「大道理」，更讓人願意打開心房專注聆聽，也更容易說服別人。許多偉大的領導者，不也都是善於使用「小故事」來引導他人重新思

考？對孩子成長而言，會說故事也是非常重要的技巧，能夠讓孩子更容易交到朋友，在團體中獲得關注。

一開始說故事，孩子當然無法說得非常完整，但請不要打斷孩子，糾正他的小錯誤。爸爸媽媽唯一需要做的事，就是當一個瘋狂的粉絲，認真地傾聽孩子偉大的「表演」。即便孩子童言童語的把「三隻小豬」，不知不覺說成「七隻小羊」，看看他認真表達的模樣，也請務必帶著微笑傾聽到最後一刻，再給他一個大大的鼓勵擁抱。因為你樂於傾聽，孩子才會願意表達，喜歡與你分享。

孩子說故事時，請珍視他的表現，把他視為「表演者」

聆聽① 當個稱職的聽眾

孩子愛說話是想要與你「分享」。如同我們去看了一場好看的電影，會迫不及待地與同事一直聊，但又要小心不可以透漏太多。就是因為想要分享的心情，孩子愛上閱讀，不只是說給你聽，也會說給他的朋友們聽。如果看了一大堆書，卻連一個聽眾也沒有，單純把書看完，怎麼延伸其他樂趣呢？聽孩子說故事，請爸爸媽媽轉換主被動角色，從主動的講者變成被動的聽眾。

聆聽② 不要一直想糾正

爸爸媽媽常常過度強調故事的正確性，卻忽視孩子講故事的感受。就像是如果你站在台上演講，台下的聽眾三不五時就打斷你，你覺得還能繼續講下去嗎？孩子畢竟是在練習階段，還無法將故事說得完整，在他練習的過程中，需要的是家長的包容而不是糾正。在最初的練習階段，請陪著孩子從他最常聽的「舊故事」開始，孩子會更容易上手。

聆聽③ 適時提供小提示

當孩子卡住說不下去流露出求救眼神時，請爸爸媽媽心領神會感應一下，不著痕跡地幫孩子補位，讓他順利講出下面的關鍵字句，引導孩子把故事說完。讓孩子享受說故事的成就感，他自然而然就會愈來愈喜歡說故事給你聽。不要把孩子的分享，變成考試的背誦，那反而會傷害到孩子的動機，到時又要花費好多時間鼓勵孩子，分享是孩子喜歡讀書的關鍵，說故事是孩子表達分享的一種好方式。傾聽孩子說故事，給予正面的鼓勵。在與你分享的過程中，孩子會愈來愈喜歡看書，並且主動地將喜歡的感覺橫向移植到學習。讓孩子在一次又一次的說故事經驗中練習說故事的技巧，自然就會愈講愈好，愈講愈有條理，漸漸地發展出具有魅力的語言表達能力。

睡前親子共讀，除了念繪本給孩子聽，有機會也讓孩子念繪本給你聽。你的聆聽就是給孩子自己說故事最好的獎勵。爸爸媽媽和孩子一起專注於「你聽我說」的互動過程，是孩子未來能自主閱讀，培養視覺和聽覺專注力的最佳學前練習機會。

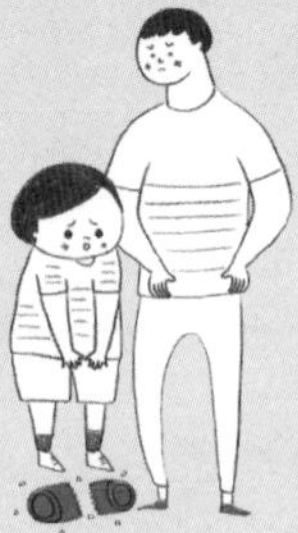

31 行為 愛以身試法

32 行為 寫字不用心

Part 4

專注發展

6歲以上

當孩子進入國小以後，要扮演的角色開始轉變成學生。這時孩子最重要的工作，不再是開心遊玩的小小孩，而是學業學習。

從幼兒園到小一的過程，對孩子來說是一個巨大的改變。爸爸媽媽要了解孩子們可能會碰到的問題，提早幫孩子準備。孩子在教室裡不專心，常常不是因為孩子不配合，而是被小問題卡住，這個小問題往往不被大人理解。

36 行為 被動都得盯

37 行為 老是說不聽

33 行為 超愛找理由

34 行為 寫作業好慢

35 行為 數字亂亂寫

孩子需要的不是責備也不是包容，而是運用智慧，幫孩子找出解決問題的方式，自然就可以找回孩子的專注力。請不要跟孩子一起緊張著，這樣反而容易把小問題弄成大問題，甚至傷害到孩子的自信心。

光光老師深信：「了解孩子，才能幫助孩子」。讓我們一起來看看，孩子學習上的各種小麻煩，到底隱藏著哪些祕密

38 行為 開學未收心

39 行為 電動打不停

40 行為 愛搞小團體

behavior 行為 31

愛以身試法

嘗試與探索，誘發主動學習的動機

當我們在教導孩子時，常常亦步亦趨緊盯著他，要求孩子不要犯錯，只要錯一點點就急著叮嚀與矯正，深怕孩子做錯事。這樣真的是對孩子最好的方式嗎？

小時候不讓孩子嘗試，長大後卻又抱怨孩子很被動，需要一直耳提面命；小時候不讓孩子失敗，長大後卻又抱怨孩子怕挫折一點小事就放棄。你不覺得這樣的心情很矛盾，也很雙重標準嗎？

孩子就像是天生的科學家，凡事都要親身嘗試過才會相信事實。就算跟他說：「這

6 歲以上

個杯子會燙」，就是要親自摸一下才願意相信大人說的話。外在看來雖然是調皮，但也就是因為這樣的天真與執著，讓孩子與大人有著決然不同的想法。他們不怕失敗、勇於嘗試，正是上帝給予孩子的禮物，也是科技可以日新月異的原動力。

當我們將全部的精力傾注於幫助孩子不會犯錯，卻忽略了孩子的天性與特長，這樣的努力到頭來可能是一場空，也會讓孩子感到精疲力竭。成功值得讚揚，但失敗也不是一件錯事，最重要是孩子喜歡探索與嘗試。

多讓孩子嘗試探索的三個原則

原則① 避免過度的保護

嬰兒之所以能在跌跌撞撞中學會走路，就是因為他不怕跌倒才可以走得更好。請不要一直將不可以掛在嘴邊，這不是保護孩子而是限制孩子的發展。特別是當孩子已經六歲以上，爸爸媽媽應該是要告訴孩子「可以怎麼做」，而不是單單的嚴格禁止。

原則② 請多給一點耐心

不要迫不及待地教導孩子，更不要直接幫孩子完成，我們應該多給孩子一些練習的時間，不要期望孩子一次就可以完全做到好，因為孩子需要練習才會熟練。很多時候，孩子不是失敗只是還沒有成功。爸爸媽媽過早地介入，反而會讓孩子覺得自己做不好，影響他未來解決問題的動機。

原則③ 帶著孩子找方法

當孩子碰到難題時，不要直接給予解決問題的答案，而是用開放式問句提問，例如：「你覺得呢？」引導孩子先說出他的答案，然後再帶出你的想法，帶著孩子一起「做實驗」，試試看哪一種方式比較好。透過實驗與練習，孩子自然就會學會如何解決問題，也就不再那麼害怕失敗。

該改變的是大人，與其將心思用在培養孩子避免犯錯，倒不如多花點時間幫孩子養成有禮貌且積極的態度。孩子在未來人生的路上不小心絆倒了、失敗了，旁邊也會有人願意伸手扶他一把那才是最重要的。

孩子需要你的引導，而不是保護和限制。請不要努力培養「不會犯錯的孩子」，卻忽略了培養孩子們的天賦，最後反而扼殺孩子主動學習的動機。

behavior 行為 32

寫字不用心
矯正握筆姿勢，讓寫好字成為學習的利器

孩子寫字不用心？老是寫得像毛毛蟲，歪七扭八的不說，還會忽大忽小的，常常搞到媽媽大發雷霆。真的是孩子寫功課不用心嗎？

事實上，孩子寫字不漂亮，不是因為他寫字不用心，而是握筆姿勢不正確導致。再加上就算努力地寫，也一直得不到好成績，自然導致孩子沒有成就感，久而久之就變得不愛寫字。

孩子需要的不是批評，而是大人睿智的引導，愈是能清楚地指出需要調整的地方，

6 歲以上

孩子愈能盡力配合。

幫孩子冠上不用心的大帽子，可是一點幫助也沒有，只會打擊孩子的自信心。在要求孩子寫字端正之前，最根本的方式是矯正孩子的握筆姿勢，讓孩子寫字變得更輕鬆。請不要一直說：「你老是寫得歪七扭八」或「寫字用心一點」，而是給予孩子更明確的指令。

讓孩子寫字變漂亮的三大技巧

技巧① 直線必須要垂直

孩子因為手腕穩定度不佳，當在直線書寫時，很容易出現往右歪斜的情況，導致整個字體好像被風吹倒一樣，就算是認真寫也會被批改寫得很醜。可以把寫字的紙張斜放，讓孩子更容易地將直線寫得垂直，自然字體就會變得好看。

技巧② 橫線水平或微上

中文字在書寫時，橫線必須是保持水平或微微往上揚，才會讓字跡顯得端正。如果孩子拿筆時虎口是緊閉的，往往會導致橫線變得彎曲，甚至是橫線往下的情況，讓原本是正方形的字體，變成像是梯形的樣子，看起來就是端正不起來。這時可以在孩子寫完之後，給孩子一把尺，讓孩子練習修正自己的字跡，養成習慣將橫線寫得更加水平。

技巧③ 記得停筆不要撇

孩子運筆時，有時為了要加快速度，若沒有停筆，往往就會出現「撇」的動作，讓字體看起來變得很潦草，自然就被聯想成不專心寫字。這時請不要立即將孩子的字擦掉要求孩子重寫，而是讓孩子將最後一筆再用心描寫一次並且記得要停筆，很快地孩子就會了解，只要多做最後一個小小動作字就會變得好看。

不要孩子一寫得不好看，就直接把它擦掉，而是幫孩子將寫不好的「那一劃」用鉛筆再寫一遍。透過你的示範，讓孩子學會如何掌握這三個原則，很快地就會將字寫得端正，看起也就會順眼許多。

將「寫字不好看」變成是你和孩子共同的「敵人」，幫孩子打敗這個大魔王。你將會發現心態上小小的改變，孩子會突然變得非常願意配合，因為你們是一起努力的夥伴。讓寫字不再是一件苦差事，孩子才能將心思用在學習，變得愈來愈專心。

behavior 行為

33

超愛找理由

將規則定義清楚，再和孩子對焦

孩子超愛找藉口，就連刷個牙、吃個飯、放個書包，都有一大多理由。一下子說等一下、一下子說我不餓、一下子又說沒有啊！明明書包就丟在沙發上沒有放好，還要和媽媽強辯好久，才心不甘情不願拿起書包放回自己的房間裡面。這真的是考驗媽媽的血壓，不知道哪天會爆血管。

孩子超愛辯、找理由，就是不乖乖配合，常出現在兩個年齡段：五歲半和十歲。

五歲半時開始發展自我控制，覺得自己已經有努力，如果看到別人沒做到就會覺得不公平。常會出現牽拖他人的情景，像是媽媽問他為什麼沒收好書包，就會回答妹妹也沒有收。這時只要和孩子溫和的堅持，幫他培養出應該有的好習慣，不用跟孩子解釋太多，就能減少彼此衝突。

十歲左右抽象思考能力變強，邏輯推理也漸漸成熟。此時孩子不再是被動的吸收，開始有自己的判斷，當然也愈來愈有主見。當彼此的觀點不同時，孩子自然就會想要解釋，也就變得理由愈來愈多。愛辯不是錯的，若硬要孩子閉嘴，那才會讓衝突累積愈來愈多，直到有一天終會爆發出來。

愛找理由沒有對錯，有錯的是對待孩子的方式與技巧。想想孩子如果講十分鐘都沒重點，就算是再有耐心的媽媽也會爆炸。我們大腦想得太快，嘴巴說得太多，但是常常說完了就忘記，牛頭不對馬嘴之下，當然也就會被當作是狡辯。讓孩子試著動筆寫出腦袋瓜裡一條一條的想法，和爸爸媽媽溝通就會變得更容易。

為什麼孩子總有那麼多藉口？

原因① 過度強調競爭性

全球化趨勢下孩子日後要競爭的對象，不只是一個國家而是全世界的人。在這樣的焦慮下，無形之間我們將不安傳遞給孩子，讓孩子養成過高的好勝心。由於不願意服輸、恐懼失敗，面臨壓力時自然就會不停的找理由。不是孩子脾氣不好，而是他在想辦法紓解自己的焦慮，特別是五到六歲的孩子。這時不要刻意強調競爭，引導他調適情緒也就能漸漸改善。

原因② 規則定義的落差

到底是要「做完」？還是「做好」？對於規則的定義不一致，常常會引爆另一個衝突點。當我們說：「把書包放好」，孩子確實有把書包放著，但是沒有放在房間裡面，這樣算是做完了？孩子覺得自己有做，但是的確沒有做好，這時你的批評會讓孩子覺得被全盤否定而引起情緒波動，後面當然就是不停地鬼打牆。辯論誰對誰錯一點也不重要，你要的是孩子自動自發地做到最好，孩子要的是你給予部分的認可。給孩子一個「待辦事項表」，做完一項勾一個，訊息愈是明確，孩子愈容易配合，衝突也就會日漸減少。

原因③ 文化代溝的落差

隨著網路科技的發達，過去的專業知識，現在只要透過Google大神搜尋一下，就可以立即找到。透過網路學習新知，已經是不可逆的趨勢，卻引出另一個問題——孩子的知識攝取來源不再只是家庭與學校，而是無遠弗屆的網路世界。孩子對於新事物的接納度超高，不停的想要吸取外界知識，無形之間也增加親子溝通衝突。不要直覺地和孩子說道理，因為我們可能相處在「不同的世界」。爸爸媽媽跟著孩子一起接觸新的流行，了解孩子涉及的新事物，讓彼此處於同一個世界中，衝突自然就會減少。

孩子理由多，不一定是壞事。孩子想要表達自己的動機，不是蓄意要惹你生氣，其實是想要和你溝通，只是技巧不好而已。雖然有點煩人，但是換個角度來看，最少他願意把自己的感受和想法讓你知道，這不也是好事一件？衝突產生時，不是要孩子先閉上嘴巴，而是增進他的表達能力，讓他能說話切中要點，才是讓孩子改變的關鍵！

behavior 行為 34

寫作業好慢

用新行為替換舊方法，寫字就能更專心

孩子寫功課時，老是東摸西摸、能拖就拖，一個簡單的功課可以寫上一、兩個小時，每天搞到十點多，真是把爸爸媽媽都快要逼瘋了，究竟有沒有什麼好方法，可以讓孩子寫快一點呢？

最簡單的方式就是——收起孩子的橡皮擦。

收起橡皮擦？要是寫錯了怎麼辦？沒有橡皮擦，就不用訂正嗎？我想這是很多爸爸媽媽共同的疑問，其實不用太擔心，寫功課一定需要「鉛筆」，但是不一定要「橡皮擦」。就像我們使用原子筆時，會隨身攜帶立可白嗎？我想不會吧？

臨床上經常可以發現作業寫得慢的孩子，有時候是因為玩橡皮擦才讓他寫作業寫得拖拖拉拉；有時也會發現另一種類型，就是太希望得到好成績，所以一筆一劃都用刻的，覺得一點點歪掉就要擦掉重寫。光是一個字就擦了四、五遍，功課到底是要寫多久呢？

聰明的爸爸媽媽，當孩子正在寫作業時，請先暫時收起橡皮擦。等到作業寫完後，再拿出橡皮擦讓孩子訂正。

作業寫完再讓橡皮擦登場

原因① 減少分心

現在的文具非常精緻，就連橡皮擦都五花八門，高矮胖瘦不一樣不打緊，顏色豐富鮮豔，甚至還有許多不同造型，像是蛋糕、棒棒糖、小兔子等造型橡皮擦。雖然造型可愛，但是卻不見得好擦，而且還很容易弄不見。這些長相漂亮的橡皮擦，其實是孩子寫功課時的分心干擾物。想想看孩子寫一個功課，光是撿橡皮擦就弄了十幾次，寫字又能快到哪裡去？

原因② 更加用心

收起橡皮擦，孩子寫錯的機率不會增加，一開始的不習慣需要爸爸媽媽從旁鼓勵。沒有橡皮擦在身旁，因為不能擦掉，孩子反而會一筆一劃更加認真地寫，速度放慢後也會寫得比較好看，而不是潦草帶過，更容易一次就OK。最常碰到的情況是孩子寫錯，就吵著要用橡皮擦，這時請先教孩子畫小叉叉做記號，等到訂正時再全部擦掉一次重寫，才會更有效率喔！

原因③ 提高記憶

孩子常常會為了要寫好，結果寫了兩、三筆又擦掉再寫。然後就在再寫、再擦的反覆循環中無限迴圈，當然寫再久都無法完成。書寫的記憶，是靠動作記憶，而不是視覺記憶。新字的學習記憶效率，不是字體的美觀，而是書寫的流暢度。如果寫一、兩筆就擦掉，雖然最後字很好看，可以每次都得到「甲」，但是對於生字記憶，卻是一點幫助也沒有。

孩子寫作業時，爸爸媽媽先收起他的橡皮擦，等到差不多要寫完的時候，再拿出橡皮擦一起訂正吧！最初的前兩週孩子會不適應，作業可能會寫得比較不好看，這時請多給孩子一點鼓勵，讓孩子漸漸習慣少用橡皮擦。當孩子養成習慣，不再依賴橡皮擦，寫功課的速度自然就會加快許多。

孩子不是不專心，而是求好心切。我們先收起愛抱怨、看缺點的壞習慣，不要讓孩子將寫功課和被罵劃上等號。帶孩子要的是方法而不是責備。教導孩子新行為替換舊方法，才能讓他變得更專心。

behavior 行為

35

數字亂亂寫

將數字寫端正，減少粗心大意擁抱學習專注力

孩子功課真的很多，需要寫的作業類別更是不少，爸爸媽媽常常會盯著孩子寫字，特別是國語生字，一字一字的要求，希望孩子寫得端正。對於阿拉伯數字反而就比較不在意，心裡想著反正即便是數字寫得稍微醜一點，也沒有多大關係，看得懂就可以了。

數字與國字相比，數字筆順簡單太多，也就是0123456789的排列組合，不像國字光是記憶字形，就讓孩子傷透腦筋。相較之下，數字要寫得好看一點也不難，孩子自然不會花費過多力氣在寫數字上。

多數父母在寫國字上留有許多心思，卻在寫數字上草草放過，結果就是孩子的數字

寫得愈來愈潦草。為什麼一定要孩子數字寫得端正？反正只要看得懂就可以了，光光老師是不是太挑剔了？只要答案正確就可以不是嗎？真的有那麼嚴重嗎？

事實上，這真的是爸爸媽媽需要重視的一件事情。在臨床上碰到許多數學學習有困擾的孩子，平常小考還可以，只要一碰到大考就常常粗心大意寫錯一大堆，出現臨時失常的情況。仔細分析孩子的考卷，才發現孩子不是不會算，而是在抄寫時太潦草，將數字抄下來要計算時，居然就已經抄錯，難怪後面會算出不正確答案。

從小就要培養孩子將數字寫端正

寫好① 避免數字難以辨識

孩子自己寫的是0還是6，都看不清楚；7還是1也會搞錯；3和5長得很像；最誇張的是，有時連4和9也都很難分辨。沒時間檢查還好，一旦有時間要用心檢查，卻完全不清楚自己在寫什麼，當然也就不願意復查驗算，而出現因為粗心而犯錯。在小一、小二數值小、數字少的階段，往往不會有太大的困擾。升上三年級，數值變大、數字位數變多後，因為計算寫得歪七扭八，結果自己看也看不懂，光是粗心大意就被扣了十幾分，在缺乏學習成就的情況下，怎麼可能會喜歡數學呢？

寫好② 避免直式計算錯誤

如果數字書寫潦草，又有手腕穩定度不佳的問題，會導致孩子寫字時出現歪斜的情況，造成孩子在直式計算出現對位錯誤。兩者交互作用下，簡單的加減乘除也會因為對位錯誤，導致會算的題目還是算錯。影響孩子學習數學的自信心，讓問題瓶頸變得更加嚴重。

寫好③ 避免孩子抗拒驗算

對於數字潦草的孩子，驗算根本是一個陷阱，不驗算還好，一算就亂七八糟。連自己原來在寫什麼都搞不清楚了，又如何能找出錯誤呢？此時可以使用Word的文書功能，幫孩子列印出適合書寫大小的方格紙，讓孩子用來當作計算紙。透過額外的協助與練習，幫孩子培養出端端正正的計算習慣，這絕對比不停地耳提面命來得有效許多。

可能與一般常識剛好相反，國字寫得潦草或端正，在研究統計上對於孩子學業成就並沒有多大的差異性。反而是大家都覺得無所謂的數字，如果寫得過於潦草，往往會影響孩子的數學學習成就。

請幫助孩子養成正確的寫數字習慣，小小舉動與習慣，是決定孩子未來考試是否會粗心大意的關鍵。專注力的養成就躲在這些細節中，請爸爸媽媽多費一點點心思協助孩子吧！

behavior 行為 36

被動都得盯

放手讓孩子自己做，享受成就感更能自動自發

孩子就是不會自動自發？就算是一點小事情，都要媽媽在後面盯著才可以完成。寫作業老是要人家盯，不然就是一團亂。考試前更是如此，如果沒有壓著他複習，成績就會慘不忍睹，為何孩子就是這麼地被動呢？

孩子天生就有無比的動機想要學習新事物。對有興趣的事，常常是一股腦地投入，要他停下來都很難。既然如此，孩子應該都是主動的，為何會有被動行為呢？

關鍵就在動機——孩子對於這件事情是否充滿熱誠。孩子若想要學一件事情，最重要的動力就是與他人分享，跟媽媽說、和爸爸講：「你看看我有多麼厲害，又學會一件新事物。」

分享就是孩子的學習動機，當孩子非常興奮地拿著作業要給你看時，請放下手邊工作，看著孩子眼睛，認真回答孩子每個問題。你回覆孩子時的認真神情，是孩子將作業視為要事的關鍵。

但是我們通常不是如此，更可怕的是我們常常「老師上身」。一看到孩子的作業，就急著「找麻煩」，一下子說字寫得醜、一下子又說答案不正確。無意間澆熄了孩子的熱誠，孩子哪會想要主動找自己的麻煩，結果當然就是愈來愈被動了。

請記得先稱讚孩子，再幫孩子訂正，這才是我們應該要做的。

孩子不會自動自發的原因

原因① 沒有空間的時間

從早到晚都在上課、補習、上才藝，生活被事情填滿沒有自己的時間。一直都是被動的聽從安排，當然也就沒有時間概念。此時若突然將時間規劃的任務交給孩子，當然就是挖洞給孩子跳，因為孩子根本搞不清楚，到底自己現在要做什麼？讓孩子學會主動，最重要的工作就是——幫孩子安排好空閒時間，孩子才會願意開始學習如何善用時間。

原因② 延遲獎賞的能力

有名的「棉花糖實驗」，就是孩子若可以等待一段時間，就能得到雙倍的棉花糖。如果孩子「延遲獎賞」的時間愈長，日後的成就也就愈高。聽起來真的是好棒，讓爸爸媽媽都很想要練習，要注意這個實驗其實有一個前提，練習的時間要在孩子四歲以後。延遲時間與孩子的年齡有關，四歲前基本上沒辦法，五到六歲大約可以一週，七至九歲最多一個月。如果孩子的等待獎賞時間，超過他的能力所及，孩子當然就會變得沒有興趣。對於七至九歲的孩子，如果要他安排超過一個月以上的計畫，需要爸爸媽媽從旁協助，而不是放手讓孩子自己做。

原因③ 短期與長期目標

可能和爸爸媽媽想像得差很多，國小五年級的孩子，對於目標的設定是屬於短期或長期，依然是一知半解。如果孩子常常為自己訂出「遠大」目標老是無法達到，當然會變得愈來愈被動。其實不是孩子不努力，而是他預設的目標可能要三或五年後才能達成，老早超過他預期能力之外的範圍。以發展的觀點來看，孩子往往要到十四歲時才能清楚分辨。放手讓孩子自己來時，請記得跟著孩子一起訂定目標，讓他先達成一個又一個的階段性任務，孩子才能享受克服困難後帶來的成就感。在你的陪伴下，孩子才能愈來愈自動自發。

孩子學習的動機，就是要跟爸爸媽媽分享，當你愈是願意花時間傾聽，孩子也就愈願意學習，還會愈來愈自動自發。

放手讓孩子自己做，並不是全然的不介入，而是要循序漸進地慢慢鬆開我們的手。讓我們當孩子的學習顧問，給予孩子適當的建議，陪著孩子訂出可行的目標，讓孩子努力從中獲得成就感。就是這樣一步一步地累積成功經驗，孩子才會變得自動自發。

behavior
行為
37

老是說不聽
給予明確解方，學習避免再犯相同的錯

當人犯錯時，確實需要被糾正、被提醒，才會改過與修正。但是請不要忘記，人與人之間彼此的尊重。最近社會的氛圍，禮貌變得像是一件迂腐的行為，反而要像「酷吏」一般才是王道，在帶孩子方面也是如此嗎？

責備孩子前，請不要忘記我們的初衷，是要幫助孩子變得更好，而不是打擊孩子的自尊。責備不是比賽看誰講話講得比較難聽，而是要讓孩子願意改過和變得更好。你覺得像九品芝麻官一樣，把孩子的所有缺點重頭到尾數落一次，罵孩子罵到他完全抬不起頭來，事情就可以解決了嗎？

責備是為了解決問題，一定要具體，並且給予孩子一個明確的方向。不然，那絕對不是責備而是罵人。就算讓你罵完，那又如何？孩子真的會因此而改變嗎？我想，孩子不關起耳朵充耳不聞，大概才是有問題的吧！

「相罵沒好話」而且常常很傷人，更何況對象是一個孩子？帶著罵人的口氣，對著孩子說教，孩子如果完全不理會，傷到的會是罵人的你；如果孩子真正聽進去了，傷到的卻會是孩子的心。孩子真的有那麼的不堪嗎？真的那麼的壞嗎？還是那都只是你一時的氣話呢？

不論孩子究竟是「聽進去」或「沒聽進去」，結果如果都不好，那我們就應該思考，是否要改變自己溝通方式？這與管教孩子並不違背，孩子畢竟是孩子，需要爸爸媽媽的引導，而不是一切都順著孩子。

改正孩子行為前，爸爸媽媽要遵照的原則

原則① 不在盛怒下處罰

絕對不要在盛怒的情況下處罰孩子，那往往只是單方面的發洩情緒，而不是在協助孩子。在盛怒的情緒下，不是傷害到孩子的自尊心，就是破壞親子關係。未來若想要彌補又要花上一番功夫。

原則② 給予解決的方式

沒有提供解決方法的責備，只會聽到不停地抱怨和翻舊帳，對孩子而言一點幫助也沒有，孩子當然一句話也不想聽。順著實際情況，問問孩子你覺得應該要如何處理？不要急著反駁孩子的想法，先靜靜地傾聽。當孩子在思考時，自然就會誘發大腦皮質活躍，也才聽得下你後來講的內容。

原則③ 不要老是翻舊帳

即便你在氣頭上，但有一件事情一定要記住，千萬不要提「無法改變的事實」。那些過去的種種事情，無論孩子再如何努力，都已無法改變。請不要將孩子犯錯的陳年往事再拿出來說，會讓孩子更不願聽你說，使得孩子的叛逆心變得更高漲。

責備是為了解決問題，而不是製造問題。我們的目標是：「讓孩子避免再次犯錯」，除了責備之外，更重要的是讓孩子清楚知道：「應該要做什麼」，這才是讓孩子改變的關鍵。至於年紀較小的小小孩，難免會聽得似懂非懂，請帶著他的小手小腳做一遍正確示範，往往會比你說一千遍「不可以」來得有效。

孩子是我們心中的寶貝，需要的是你的引導。請收起工作職場上的習慣，不要全身帶刺地教導孩子。孩子有可能在還沒學會之前，就先被我們戳得滿身是傷。

behavior

行為

38

開學未收心

回憶校園美好生活，用愉快心情迎接新學期

八月中了，暑假過了一個半月，媽媽們終於要熬出頭了，再撐個十多天，小朋友們即將回到校園。

家裡的寶貝蛋，四處參觀博物館和看展覽，享受一段非常豐富的時光。如果說這個暑假兩位寶貝有什麼進步的話，大概就是吵嘴的功力大大提升。回到學校應該不會被欺負，因為在家裡已經獲得充分訓練，很能適時地堅持與妥協。

只是真的是被她們吵翻天，吵到有股衝動想送她們回去上暑期班。但是吵歸吵，兩

姊妹的感情似乎也變得更好，整天都黏在一起。快樂的時光總是過得特別快，不到兩週的時間，要回到幼兒園——開學了！

在暑假即將結束的此刻，有件事情必須提醒大家，收假前的最後一週不要安排出遊。如果計畫要出去玩，請往前再提早一個星期！孩子收心需要兩週的時間，請不要因為疼愛孩子，一路讓他們玩到暑假的最後一天。

不只是孩子，我們大人也是如此，想想每次出國旅遊後回到工作崗位上，常常會有一種倦怠感，需要三、四天才能完全調整回來。在開學的前一天帶孩子出去玩，隔天就要他收心，這樣過大的落差往往是一個意外的陷阱。如果時間不允許，還不如待在家裡好好地休息，反而能讓孩子開學後表現得更好。

收起玩性，回到正常軌道的引導

收心操①　生活作息規律

漸漸地回歸原來學校生活的作息時間。早上開始早起，減少看電視的時間，增加坐在座位上的時間。不一定是要寫字抄作業，而是增加靜態活動的時間，讓孩子的生活漸漸回到常態。這樣可以讓孩子返回學校時，用更短的時間回到常軌。

收心操② 回想學校生活

和孩子聊一下好朋友的事情，回憶學校中有趣的事件。當孩子侃侃而談，想到跟朋友聚在一起的樂趣時，自然就不會抗拒去上學。對孩子而言，朋友之間的情誼，比學習還要重要許多喔！

收心操③ 採購文具用品

開學時，孩子最期待的就是準備文具用品，透過準備文具、書包的過程，讓孩子帶著愉快心情，重新回到學校生活。

開學前的兩週，就要進入收心預備期，帶著孩子開始做收心操。收起我們的抱怨，不要東念西念，請使用正向語句引導孩子想念朋友，幫孩子調整好生活作息，孩子自然也就會歡喜上學去。

千萬記得在最後一週，不要再安排出遊，讓孩子提前做好返校的準備。

behavior 行為

39

電動打不停

減少視覺刺激，回到自然環境滿足前庭刺激

隨著3C科技的發展，現在生活是愈來愈便利了。以前趕到公司後的第一件事情，就是開啟電腦收信和查看行事曆。現在直接打開手機，就能完成相同的事情。對於成人而言，智慧型手機是一個非常強大的工具，但是對孩子而言，卻往往與電玩畫上等號。讓孩子玩手機、滑平板電腦，究竟是在幫助孩子，還是在挖受責難的洞給孩子跳呢？

在自然的生活經驗中，前庭刺激往往與視覺刺激同時出現，也就是當我們進行奔跑、騎車的活動時，視野周圍的景色會同時快速移動。當孩子看到物體在快速移動

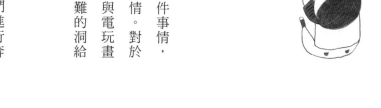

時，往往就會覺得自己也在移動。就像我們搭火車時，兩台火車同時停靠在月台，當另外一台火車開始移動，我們第一時間可能還反應不及，會誤認為是自己的火車已經出發，等到幾秒鐘後才會察覺到實際上火車還停留在原地不動。

最近愈來愈多的賽車、酷跑形式電動遊戲，雖然沒有什麼內容，就是畫面一直不停快速變化，讓孩子沉迷一玩就停不下來。這往往是因為孩子誤認為有視覺刺激，就會獲得移動身體的前庭刺激，結果玩了一個小時，最後只有眼睛疲勞，絲毫無法獲得任何的前庭刺激。因為一直無法獲得所需要的前庭刺激，孩子又會想要持續玩下去，而出現一玩就停不下來的情況。

電動玩不停是因為前庭與視覺被混淆

原因① 大腦訊息的誤解

孩子需要活動來獲得前庭刺激，往往會想要追求強烈的速度感。在打電動時，大腦誤認為螢幕中快速移動的視覺變化，代表了速度（前庭刺激），深陷在遊戲之中無法自拔。但是不論孩子玩得再久，因為一直都是呆呆地坐在椅子上，身體根本就沒有任何的移動，最後獲得的前庭刺激卻是什麼都沒有。只好再繼續玩下去，然後又沒有得到滿足，最後就變成一個深陷其中的惡性循環。

原因② 過度強烈的視覺

我們常以為打電動，大腦需要大量的運算，可以促進大腦功能。事實上打電動時，只有大腦的視覺區被刺激活化，其他思考區域卻是一片空白。也就是說，打電動不是促進思考，相反地是讓大腦放空。當孩子壓力過大，特別是青少年時期，往往會用打電動放空大腦，讓自己暫時與外在環境隔離。這時不是單單禁止孩子玩手機、打電玩，而是幫助孩子培養出適當調適壓力的方式，孩子自然就不會迷戀電玩。

原因③ 同儕互動的壓力

對於高年級的孩子，電玩有時更像是社交工具，跟同儕有互動的話題。孩子可能會想要在同儕中獲得注目，而開始沉迷電動，期望在團體中獲得成就感。由於期望融入於群體生活之中，因此孩子往往無法拒絕，這時就要像大禹治水一樣，用疏導而不是圍堵。先聽聽孩子的想法，並且一起找出適合的方式，幫孩子做適當的篩選，避免過度沉迷。

習慣往往是在幼兒時期培養出來的，千萬不要將手機、電動當作是幫孩子乖乖坐好的良方，那只會誤導孩子以為視覺刺激就等於前庭刺激，導致孩子不願意出去玩，結果就是愈來愈沉迷於電動之中。整個心思都被電動綁架了，又如何能專注在學習上呢？

讓孩子放下手邊的遊樂器，回到自然環境中，透過控制自己的身體獲得適當的前庭刺激經驗，才是對孩子真正有幫助的事情。

behavior
行為
40

愛搞小團體

從次文化中定義社會規範，找到心理歸屬感

孩子老愛跟同一群朋友在一起，到哪裡都黏在一起，一起說悄悄話。有朋友不是壞事，但是要會挑朋友，老是嘻嘻哈哈的嘲笑同學，一下說誰很髒臭臭的、一下說不要跟誰玩、一下說誰穿得很醜，真是讓媽媽很擔心。上一次還為了要買特定東西而哭得唏哩嘩啦，仔細一問才知道是好朋友有，所以自己也一定要有，不然好像會被孤立一樣。苦口婆心勸他，班上同學那麼多，找其他孩子玩不好嗎？但孩子就是死腦筋，最後又黏在一起。難道真的要幫孩子轉學嗎？

不是孩子愛搞小團體，而是我們都愛搞小團體，只是大人的社交技巧比較成熟。想

想看即便是在工作中，你是否會和誰比較談得上話、聊得比較上天？佛洛伊德曾強調歸屬感的重要性，為一個團體所需要、被信任、被接納，就是我們會喜歡待在小圈子內的原因。相對於大圈子，一個人在裡面就像是即溶咖啡一樣，攪一攪就消失了，圈子再大、朋友再多也沒有意義。

喜歡組織小圈子是兒童期交友的特徵之一。通常由五到八個同年齡和同性別的孩子組成。同圈圈裡的朋友除了一起遊玩之外，更會定義出自己的社會規則，試圖不讓爸爸媽媽或老師知道，甚至隱藏祕密以免被其他人干涉。這並不是孩子在做壞事，而是他在心理上嘗試探索獨立界線，試圖擺脫大人控制，在自己小小的空間中創造自己的社會。

搞小團體常跟小女生劃上等號，好像只有女生才愛搞小圈子。研究顯示，男生的小圈子反而更有組織、更為團結，只是常常與球類活動相連結，所以比較不會被發現。重點不是孩子愛不愛搞小圈子，而是孩子搞的是那種小團體。光光老師只有一個原則，就是你可以不喜歡同學，但是不可以欺負同學。只要小團體無傷害他人的排他性，其實大人可以睜一隻眼、閉一隻眼。

處理孩子愛搞小團體時的原則

原則① 不讓孩子有罪惡感

小團體就是為了要獲得歸屬感，覺得自己被需要、被認同，讓自己在團體中有一個位置。孩子覺得無助才會和爸爸媽媽說，這時他需要的是支持而不是批評。不要將問題歸咎於孩子（你就是不會和別人交朋友），讓孩子覺得沒辦法融入群體是他自己的錯。一來可能讓孩子感到沮喪而變得更孤單；二來孩子可能會壓抑自己，想盡辦法討好別人。這不都是我們所擔心的點嗎？請不要讓孩子覺得打不進團體圈是他的錯，而是幫孩子找到適合的朋友群，才能真正解決問題。

原則② 了解孩子的次文化

隨著孩子漸漸長大，開始出現不同的次文化，有點像是「通關密語」，如果你懂那就是同一國。這些與眾不同的次文化，像是：遊戲卡、線上電動、暢銷小說等，通常與課業學習無關，但往往是孩子之間的社交媒介。化解孩子的小團體，最簡單的方式就是把自己變成小團體的「大頭目」。爸爸媽媽要做的不是全然禁止，首要是了解孩子的想法，才能幫他篩選並給予建議。

原則③ 增加全班的向心力

小團體並不壞，但是若遇兩、三個小團體鬥來鬥去，就會造成很大的麻煩，搞到全班的氣氛變得很差，當然也會影響學習效率。這時安排班級之間的體育競賽，讓全班有共同的目標努力，增加班級的向心力，會有不錯的效果。如果太過強調班級內的競賽，又採用自由分組的形式進行，無形之間會讓小團體的連結變得更緊密，問題也就變得更難以解決。

孩子六歲之前，爸爸媽媽的角色比較像是教練，帶著孩子成長；七到十二歲之間，爸爸媽媽轉型當孩子的顧問，引導孩子如何思考、解決問題；十二歲之後，爸爸媽媽跟孩子的關係，更像是好夥伴，把孩子視為一個獨立的人，而不是家庭的附屬品。隨著孩子逐漸長大，請收起我們的指導，打開我們的耳朵，你愈是願意傾聽，愈是能了解孩子在想什麼，也就愈容易給予孩子適當的建議。

Part

2

專注力不足
遊戲來幫忙

專注力是一種高階的能力，需要許多基本能力的累積才能發展出來。

專注力跟許多大人想像的不一樣，坐在桌子前面，努力練習只能培養視覺專注力。若我們不斷抱怨孩子動作慢，或責怪孩子耳朵沒在聽，對孩子來說不是很冤枉嗎？

專注力不只有視覺，更包含：聽覺、動覺和情緒三方面，透過全方位練習，孩子不只要能靜更要能動，動靜能轉換，才能培養出真正的專注力。

要讓孩子專心，不是要求孩子乖乖坐好，也不是用糖果引誘，更不是拿起棍子威脅。指責孩子不專心，卻沒有找出正確的方式，只會讓孩子愈來愈排斥學習，最後變得毫無動機。

就讓我們抽絲剝繭，找出培養專注力的要素，引導孩子發展「關鍵二十」的能力，才能讓孩子學得會專心，更專心學習。

藉由爸爸媽媽的陪伴與鼓勵，透過小小的「視、聽、動、情緒」互動遊戲，讓孩子在毫無壓力下練習，反覆練習中熟練，自然而然地就能提升孩子專注力。大人的陪伴與引導，是孩子培養專注力最重要的關鍵。

Part 5

視覺專注力不足

視覺是一種強勢的感覺系統。人類的眼睛比我們想像的更為複雜也更為精緻，不僅僅是看清事物的視力，更包含了「視覺知覺」和「視覺追視」。必須要三者都良好，才能擁有良好的「視覺注意力」。

「視覺專注力」需要具備五個基礎能力，讓我們一起來認識，並且幫助孩子培養出這些能力吧！

41 行為 老是打翻杯

42 行為 找不到東西

46 行為 有人叫我嗎

47 行為 你說什麼呢

43 行為 常跳行漏字

44 行為 老是寫錯字

45 行為 好討厭抄寫

Part 6

聽覺專注力不足

聽覺是與生俱來就成熟的感覺，跟孩子的語言和認知發展極為有關。透過聽覺，小寶貝可以在出生後短短兩年內，學會一種語言。

隨著科技進步，生活中視覺資訊的接收管道愈來愈多元，無形中壓縮了聽覺的發展。爸爸媽媽你知道嗎？在國小階段，「聽覺注意力」良好與否，可是學習的最重要關鍵。

「聽覺專注力」需要具備五個基礎能力，這五個基礎能力是奠定孩子閱讀與識字的根基。

48 行為 注音老搞錯

49 行為 總是放空神遊

50 行為 就是聽不了

behavior 行為

41

老是打翻杯
雙眼無法判斷深淺與距離

小佑是一個活潑又喜歡碰碰跳跳的小孩，平時總是將笑臉掛在臉上，在朋友中超級有人緣。可愛的小佑有兩個小行為，總讓媽媽感到很不解？到餐廳吃飯，常常會不小心打翻水杯，弄得一團亂；即使好好走路，還是會莫名其妙地撞到旁邊的東西。為何老是這麼不小心？是不是小佑的眼睛有問題呢？

＊＊＊

狗是人類的好朋友，如果有機會仔細觀察，你會發現狗的眼睛和人類有很大的不同。相對於人類的雙眼都是往前看，狗的眼睛比較像是一邊一個。狗的兩眼視野並沒有重疊，所以可以看得比人類寬廣。

為何人類的眼睛設計是要往前看呢？人類的雙眼視覺，雖然犧牲了視野的寬度，卻有另外一個好處，就是透過雙眼重疊視野的部分，讓我們可以更容易判斷「深淺」與「距離」，所以我們相較於狗狗擁有較好的「立體知覺」。

大腦藉由雙眼資訊的差異，轉換成為視覺深度，進而詮釋出物體的距離。這樣的能力，讓我們能立即判斷出跟物品的距離，讓我們可以一伸手就精確地拿到想要拿的東西。如果孩子的雙眼立體不佳，很自然地就容易因誤判而打翻東西、撞到物品，甚至是莫名其妙地跌倒。

無法精準拿到想要東西的可能原因

原因①　眼睛太好了

孩子沒有近視，但是有遠視，導致孩子對於近物看得很模糊，反倒遠的東西看得很清楚。遠視的孩子因遠方的東西看得清晰，爸爸媽媽不易察覺孩子的視覺異常，往往無法及時發現，導致雙眼立體的發展受到干擾。如果孩子常常走路莫名其妙摔倒，又沒有扁平足或內八字的問題，爸爸媽媽可能就要往是否有視力問題的方面聯想。

原因② 慣用眼與手

我們有慣用手，也有慣用眼。絕大多數的人，慣用手和慣用眼都在同一側，也就是慣用右手的人就慣用右眼。少部分的孩子慣用手和慣用眼不同側，導致他在拿取物品時，手部的動作遮蔽住輔助眼，大腦缺乏足夠的訊息來判斷深度，就會出現判斷錯距離，而發生打翻東西的情況。

原因③ 攀爬經驗缺乏

爬樹和爬攀爬架是我們共同的童年樂趣，這不是孩子頑皮的象徵，而是他正在嘗試用不同的角度觀察同一件物品。就像是我們在電腦看3D圖形，總是要操作滑鼠左轉右轉和上下移動。攀爬高處的孩子其實也是在做同樣的事情，只是不透過滑鼠而是移動身體到不同的位置。現在生活中，不要說爬樹，就連攀爬架也都在公園中消失，孩子唯一可以爬的就只剩下家裡的沙發，但是往往只要一爬上去，鐵定又被罵，相對地就缺乏類似練習經驗。

我們生活在3D的世界，而不是2D的平面。孩子憑藉著身體活動，與物品直接互動，從遊戲中學會認識這個立體世界。書本上學得再多，都侷限於2D的平面。若要改善容易打翻東西的小行為，請讓他在立體世界，多給他練習判斷與物體距離遠近的機會。

在家玩起來

小小沙包，各就各位！

❶ 準備三個紙箱、五雙要淘汰的襪子和一包白米。

❷ 將白米放進襪子裡大約五分滿，然後用縫線封口。用線將封口處多轉一到兩圈後，把襪子多餘的部分反摺，再用線縫一次，就變成自製沙包。

❸ 將三個紙箱分不同遠近放置，指定孩子投進特定的箱子裡。

帶著孩子一起做，孩子會更感興趣。提醒爸爸媽媽不要讓孩子拿隨手可得的玩具練習投準。隨手拿玩具就投籃，很容易讓孩子造成錯誤印象與記憶，日後孩子亂丟玩具時，是要歸因大人教的？還是孩子亂丟東西呢？

延伸遊戲

光光老師專注力親子互動遊戲卡
遊戲28「王牌投手」(3Y+)

光光老師專注力小學堂

爸爸媽媽總是擔心孩子的眼睛有沒有近視，看電視一定要遠一點。絕大多數的孩子，因為眼球比較小，眼睛前後距離比較短，常會有遠視的情況。隨著年齡長大，眼球逐漸發育成熟後，眼球會愈來愈呈現圓形，視力自然而然會漸漸恢復正常。

基本上，八〇%的孩子遠視到五歲時，就會漸漸降到五十度以內。約有二〇%的孩子由於遠視度數較高，眼睛可能出現容易疲憊的情況，如果加上雙眼視差過大，甚至可能會有弱視問題。

如果孩子四歲以上，常常出現揉眼睛、流眼淚的情況，加上很容易莫名其妙地撞到或跌倒，請帶著孩子到兒童眼科做詳細檢查。

behavior 行為

42

在複雜背景中找不到指定物品

找不到東西

小瑜是一個開朗的小孩，平常總是笑臉迎人。就是有一點很奇怪，從小要找東西，一定都先叫媽媽。本來想說年紀還小，依賴性多一點，沒什麼大不了。但是當小瑜剛滿五歲後，還是一樣找不到，媽媽開始要他自己找，小瑜居然哭著說：「沒有啊，我都看不到。」究竟是孩子賴皮？還是真的看不到呢？令人傷腦筋啊！

＊＊＊

「背景區辨」是視知覺中一項重要的能力，可以讓人們在複雜的背景中，找出指定的物品。就像是在一個大玩具箱中，精準地找出一台小汽車。孩子必須要區辨哪些是背景，哪些是前景，才能完成這樣的工作。「背景區辨」需要擁有「雙眼立體」與「完形概念」。

「雙眼立體」可以判斷出物體的深度，區辨哪些物體是突出而不是融入背景，才能快速地找出物品。

「完形概念」是當物品部分被遮蔽時，大腦可以自動彌補缺失判斷物體的輪廓，快速察覺物體並且指認。

背景區辨能力不佳時，就會出現東西明明在前面，卻找不到物品的情況。這不是孩子愛賴皮，而是受到干擾才找不到東西。

找不到想要找的東西，可能的原因有三

原因① 幼兒期的移動

小嬰兒對於移動物品非常感興趣，十個月大會自行移動的他，正是發展視覺的重要時間。小嬰兒在移動身體時，視野會跟著移動，突然發現「背景」不會改變，但是「前景」會移動，就會更加地注視。透過幼兒早期的移動經驗，孩子可以察覺物體的存在。在幼兒期如果孩子常常待在家裡不動，背景區辨能力自然就會受到限制。

原因② 家裡過度乾淨

家裡的裝潢過度一致化，全部都是同樣的色調。就像是一張白紙，放在白色地板上，要判斷紙在哪裡是一件相對困難的事。如果家裡又打掃得非常乾淨，孩子練習尋找的經驗當然就更少，由於經驗刺激的缺乏，孩子在背景區辨時就會出現困擾。

有時候家裡不用收得太乾淨，偶爾的小凌亂，孩子反而有更多的練習機會。

原因③ 完形概念不佳

很多找不到東西的孩子，明明東西就在眼前，只是被衣服蓋住一小部分，卻怎麼樣也看不出來是同一個物品。不是孩子的眼睛有問題，而是大腦無法自動化彌補物體不完整處導致無法判斷。一直要等到拿掉衣服後才會恍然大悟，原來藏在衣服下的物品就是我要找的東西。躲貓貓是練習完形概念最好的遊戲，只要看到身體的一小部分，就可以找到人躲在哪裡。

最有趣的背景區辨遊戲，就是走進大自然中，帶著孩子一起找昆蟲、撈蝦子。請趁著孩子年紀小，正喜歡動物的時候，帶著孩子去動物園玩「動物躲貓貓」遊戲。

不是孩子變得賴皮，而是孩子現在的世界，已經變得和我們小時候不一樣，如果還是想要用過去成長的經驗帶孩子，要改變的可能不是孩子，而是我們的想法。

在家玩起來

玩具藏寶箱

❶ 準備一個大箱子、一包小彈珠、小樂高積木，以及十幾個小玩具。先用手機將小玩具一個一個拍照。

❷ 和孩子一起將所有的東西放進去大箱子裡面，再隨意地混合一下。

❸ 請孩子找出照片裡的小玩具，比比看誰最快找到。

市面上有許多練習背景區辨的遊戲書，像是：《威利在哪裡》、I Spy 等，都是非常好的練習。有空可以拿來跟孩子一起玩，幫孩子在家裡多做練習。

延伸遊戲

光光老師專注力親子互動遊戲卡
遊戲25「動物照鏡子」(3Y+)

光光老師專注力小學堂

老是找不到東西，還有可能是下列兩種原因，這兩個原因的成因都是相同的，那就是「媽媽人太好」。

第一種是「過度依賴」：想要什麼都不用說，只要用心電感應媽媽就會幫孩子找到，孩子當然不用練習自己找。當孩子四歲以後，已經具備基本的自我照顧能力，媽媽要學著放手，給孩子自己練習的機會。不然等到七歲以後，孩子已經養成依賴個性，就很難再調整。

第二種是「擁有太多」：爸爸媽媽買給孩子太多的東西，超過孩子可以自理的程度，導致環境過度複雜，即便是大人找也要花上五、六分鐘，孩子當然就更不願意自己找。有時不是孩子不配合，而是我們給予的太多。先準備三個箱子，帶著孩子一起整理，將物品分成三種：每天用、偶爾用、都不用，東西變少了，找起來自然就不會那麼費力。

behavior 行為

43

常跳行漏字 眼球追視力不足

小金是一個聰明的小孩，平常最喜歡聽大人說話，常常隨口就能說出令人訝異的話語。明明沒有人教他，但是他都可以自己偷偷學，超級厲害的啦！原本大家都覺得小金上小學鐵定可以表現良好，沒想到小金卻出現適應不良的情況。平常小考都還好，但是只要一遇到大考，就常常粗心大意漏寫題目，有一次甚至漏寫一整面。帶著小金訂正，全部題目他都會作答，這樣的情況把爸爸搞得一個頭兩個大，究竟是哪裡出了問題呢？

＊＊＊

彎曲手臂時，只需要作用到單純的兩條肌肉，一個負責彎曲，另一個負責伸直，就可以完成協調動作；運用眼球時，需要的就不只是上下左右四條肌肉，還要加上兩條負責左右旋轉的肌肉。

眼睛要靈巧運作，大腦必須同時控制六條肌肉的協調度，不然就會導致跳字漏行。在大量閱讀時，若無法控制好這六條肌肉，很容易因為疲憊出現粗心大意的情況。

我們在看東西時有兩個動作系統，一是看人的「凝視」，也就是將眼球固定，視線看著前方的某一物體，接著頭部可以隨意上下左右做轉動，但視線中的物體依然保持穩定不動；另一是看球的「追視」，也就是頭部不動轉動眼球來看物品。

眼球追視若不夠靈活，幼兒園階段基本上不會有太大的問題，這時大多是凝視活動。進入到國小需要閱讀時，眼球追視的問題才會漸漸出來。眼球動作不協調，導致一定要自己「固定」頭才能穩定地看書，這時就會出現趴著或撐著頭的情況。

眼球追視不佳產生的可能原因

原因①　慣用眼未固定

孩子慣用眼沒有建立，兩隻眼睛不會彼此合作反而是相互搶奪。在橫式閱讀時，會因為雙眼之間的協調不佳出現眼球晃動，使得閱讀時產生跳字漏行的情況，當然也就容易粗心不喜歡閱讀。

原因②　球類經驗缺乏

缺乏經驗才是最常見的原因。過去孩子的活動中，小皮球是最喜歡的活動之一。只要帶一顆球出門，就可以玩上一整天。想想看以前，你是先學會丟接球，還是先學會閱讀。鐵定是先丟接球不是嗎？透過球類遊戲，幫助孩子發展出良好的眼球追視，才能有效率的閱讀喔！現在孩子不要說玩球，只要拿起球，大人的神經就馬上緊張起來，生怕下一秒就有東西會被打破，甚至因為打破東西而受傷。孩子練習的機會愈來愈少，學習的時間卻愈來愈提前，產生的問題當然也就愈來愈多。

原因③ 太長使用3C

從視野功能來看，人類的視野可以分成「中央」和「周邊」兩種。前者負責區辨物品，特點是速度慢、較精細、以靜態為主；後者負責察覺物品，特點是速度快、較粗略、以動態為主。如果要促進周邊視野，就必須增加打球、接球等動態活動。但是在打電動、看3C時，過度刺激視覺的畫面，卻教導孩子用中央視野來看快速移動，當然愈打電動眼球動作就愈弱。我們讓孩子的大腦混淆了，用中央看動態，用周邊看靜態，眼球動作跟著一團亂。

回想小時候，孩子最好玩的玩具就是小皮球。透過玩球、玩紙飛機、撈蝌蚪等遊戲，自然而然發展出眼球動作。不知不覺中這些活動被爸爸媽媽的手機取代，孩子不再玩球，缺少練習眼睛動作的機會，當然容易粗心大意。幫孩子不是責備孩子，而是引導孩子走向正確的方向，讓我們跟孩子一起來練習吧！

在家玩起來

接住反彈球

❶準備一個六吋或八吋的小皮球。

❷在一個牆壁上，用紙膠帶貼上三十公分乘以三十公分的方框。

❸請孩子站在距離牆壁約一百二十公分處，試試看可不可以準確丟到方框裡。爸爸媽媽可以適度調整孩子與牆壁之間的距離。

❹鼓勵孩子丟牆反彈，到地板彈一下，再接起來。讓孩子多多練習，看看可不可以連續做三十次。

接球動作的發展，兩歲時多以胸口擋球之後再抱球；三歲時以前臂來抱球；四歲後才會用手掌接住球。接反彈球建議在五歲之後，才可以開始練習。爸爸媽媽不要操之過急，一定要按照孩子的階段發展年齡來練習。

延伸遊戲

光光老師專注力親子互動遊戲卡
遊戲04「旋轉馬車嘩啦啦」(4M+)

光光老師專注力小學堂

眼球動作不佳並不是斜視。斜視是指兩隻眼睛的視軸，不能同時放在同一個物品上，導致外觀上看起來兩眼位置不對稱。分為內斜視和外斜視兩種，前者就像是鬥雞眼，後者就像脫窗。

小嬰兒剛出生時，因為肌肉骨骼都還在發展中，連脖子都軟綿綿。負責控制眼睛的肌肉群也是如此，如果出現暫時性斜視，爸爸媽媽不用過度擔心，會隨著年齡成長慢慢改善。如果孩子是天生性的斜視(一直都是)，則可能是因為眼球肌肉過短，限制了眼球動作的幅度，建議接受專業眼科醫生評估，看看是否需要手術來協助矯正。如果需要手術，建議六歲以前開刀，效果會比較好。

behavior 行為

44

老是寫錯字

不易分辨物品細微差異

小動是一個善良的孩子，做事都很溫和，也很有禮貌，給人一種很溫暖的感覺。這孩子有件事特別讓媽媽傷腦筋，就是小動總是記不住國字字形，明明昨天才學過的新字，今天就又忘光光。每次提醒他寫錯字，他怎麼樣也看不出來兩個字之間的差異。老師和媽媽用盡各種教學方式，他就是學不會。究竟是眼睛有問題？還是腦子有問題？

＊＊＊

「視覺區辨」是指眼睛可以分辨物品細微的差異，像是角度、大小、長短等，讓大腦可以快速察覺，並且做出適當的反應。這對於孩子在辨識物品、察覺環境和識字學習上，都扮演非常重要的角色。

視覺區辨有問題的孩子，碰到相近字時，像是「未末」「千干」「士土」「田由」，明明是兩個字義完全不一樣的生字，孩子看了老半天，就是分不出來其中的差異，當然也就容易搞混。

單體為文，合體為字。如果連簡單的文都難以區辨差異，等到學生難字時，更容易因為不會判斷部首差異而顯混淆。在認字上形成困擾，長久下來可能就會表現出抗拒學習。

視覺區辨不佳的原因，最有可能的就是視力問題，像是弱視、閃光都會影響孩子視覺區辨的發展，這屬於生理上的限制。

視覺區辨不佳，環境刺激可能不足

原因① 幼兒缺乏塗鴉經驗

塗鴉是孩子與生俱來的能力，小小孩只要一拿到筆，就會不由自主地想要畫畫，這就是最好的視覺區辨練習。孩子透過色塊、線條的組合，創造出一幅又一幅的圖案。只不過他們常常一開始想要畫狗，最後卻畫成長頸鹿。藉由反覆塗鴉過程，孩子不僅熟練如何使用畫具，更重要的是培養出對於線條、角度、形狀的概念，這些也是視覺區辨的基本元素。

原因② 交叉概念不佳

當孩子四歲時，開始會畫「X」（線條交叉）之後，正式進入學習寫字階段。線條交叉，就是一條線可以穿越過另一條線的能力。四歲以前的孩子常常會將「X」畫成四個線段，這是發展尚未成熟，爸爸媽媽不用特別擔心。在還無法畫「X」前，不建議教導孩子學寫字，倘若孩子用硬記的方式學習，導致日後學習策略錯誤，等到國小四年級時，教導更難的生字，一個筆順隨便就超過十二、十三劃時，成績就容易一落千丈。如果要促進交叉概念的成熟，最好的方式就是串珠珠，透過用線穿過珠子的過程，讓孩子了解「穿過」的概念。

原因③ 角度判斷不佳

中文字除了直線、橫線之外，還有許多斜線，差一點點角度就會差很多意義。要教小孩了解三十度、四十五度、六十度、九十度、一百二十度的差異，基本上根本就是不可能的任務。爸爸媽媽不用太擔心，歷久不衰的益智遊戲——七巧板，就是最好的角度判斷練習遊戲。帶著孩子玩七巧板，可增加孩子對於角度判斷的敏感度，孩子自然就能分辨角度細微的差異，幫認字打好基礎。

塗鴉對孩子而言，擁有無比強大的樂趣；筆對於孩子而言，就如同是哈利波特的魔法杖，擁有創造的魔力。孩子需要的是我們給予適當環境，鼓勵他創造與練習，而不是一味地指正與批評。透過塗鴉、線條和建構的過程，孩子自然地發展視覺區辨能力，就能為日後學習奠定基礎。

塗鴉不是孩子在浪費時間，而是在為未來做好準備。對孩子有足夠了解的大人，不會處處限制孩子，才能陪伴孩子快樂的成長。

在家玩起來

我是小偵探

❶準備一台可拍照的平板（手機），準備十個小物品。

❷將物品隨意地放在客廳裡，有的放在茶几、有的放在沙發，然後逐一拍照記錄。拍完照後隨意拿走其中五項，就已完成遊戲的準備階段。

❸請孩子當小偵探，幫他帶上帽子、拿著放大鏡，給孩子剛剛拍好的照片。仔細看看，究竟小偷移動了哪些東西呢？

在市面上有許多「找不同」的遊戲書，仔細地觀察和比較，兩張圖案中細節的差異，對於孩子也是很好的視覺區辨練習喔！

延伸遊戲

光光老師專注力親子互動遊戲卡
遊戲36「抽出大贏家」（4Y+）

光光老師專注力小學堂

識字是一種非常複雜的大腦歷程，不僅需要視覺，還要配上聽覺與動覺，孩子才能有效率的記住國字。孩子的識字學習，爸爸媽媽要幫他培養下列兩種能力：

第一種「音韻分析」：認字除了分辨字形之外，還要結合音韻的記憶。如果孩子在拼音上有困難，無法分辨同音異字，常會寫出別字，例如：「工作」寫成「工做」、「公司」寫成「工司」。

第二種「順序概念」：寫字時一是要分辨字形，二是要記憶筆順。孩子如果寫字筆順錯誤，出現少一筆或漏一劃，常就會寫錯字，像是「未來」寫成「木來」、「小犬」寫成「小大」。

好討厭抄寫

手眼協調不佳

小奕是一個好強的小孩，只要碰到比賽，馬上就能激起他的好勝心，什麼事情都想要跟別人爭第一，比看看誰最快。只有一件事——抄聯絡簿，他就是寧可慢慢來。明明其他小朋友一下子就抄完，他總是到第二堂課都還沒寫完，老是拖拖拉拉的。每天老師都要一直提醒，媽媽也耳提面命，小奕口頭上雖說好，還是常常只抄一半。明明寫字就很快的他，為什麼就是不肯乖乖抄聯絡簿呢？

＊＊＊

孩子只要寫字快，抄聯絡簿就一定快嗎？這是我們大人錯誤的誤解，「近端抄寫」與

「遠端抄寫」是不同的能力。

如果是抄寫同學已經寫好的，兩本都放桌面上（同一平面），就是「近端抄寫」；如果聯絡簿放在桌上，要抄黑板上的字（不同平面），就算是「遠端抄寫」。兩者最大的差異，就是「遠端抄寫」時，頭部必須不停轉動，在視覺需求上較為複雜。

對於手眼協調不佳的孩子，若遠端抄寫能力弱，可能會常出現漏寫的困擾，有時甚至會搞不清楚自己寫到哪裡，當然也就不願意抄寫了。這時如果只是用責備的，往往會讓孩子感到挫折，反而更不願意配合，導致問題變得愈來愈嚴重，甚至出現情緒問題。

遠端抄寫不佳，三個可能的原因

原因①　眼球策略轉換

眼球動作有兩種，分別是「凝視」與「追視」。抄聯絡簿需要這兩種策略快速轉換，在看黑板閱讀文字，需要「追視」；從黑板轉換到紙本上時，需要「凝視」；接者寫下文字時，又需要「追視」……就是如此反覆地轉換才能將聯絡簿抄完。如果孩子在策略轉化有困難，往往會導致抄寫速度過慢。這時可以讓孩子多玩往上拋接球的遊戲，讓孩子在遊戲中熟悉眼球策略轉換，抄寫的速度也就會變得比較快。

原因② 手眼協調不佳

孩子的手和眼睛，彼此之間若不能相互配合，當孩子抬頭時，放在桌上拿筆的手，就會不自主地移動一下。結果每寫一個字，就要重新移動筆到正確的位置上，來來回回之下寫字速度也就變慢，甚至覺得麻煩而不想要寫字。手眼協調在四歲開始發展，大約在七到九歲間成熟，不論是玩飛盤、打羽球、打棒球，都是很好的練習。趁著週末時間多帶孩子到戶外玩一玩，幫孩子的手眼協調打好基礎。

原因③ 抄寫策略錯誤

在抄寫時，應該是以字為單位，而不是符號為單位，才能提高抄寫效率。一來是先念出拼音，然後再寫，這樣才不會抄了老半天，還搞不清楚自己抄到哪裡；再來是可以減少抬頭低頭的次數，降低失誤的頻率。想想看，如果孩子寫「ㄍㄨㄛˊ」要抬個四次頭才能抄完，相對地出錯機率就會提高，抄聯絡簿的速度又怎能加快呢？這時就要帶著孩子，一邊大聲念、一邊抄寫，漸漸改變孩子的抄寫習慣。當孩子拼音變得熟練，抄寫速度自然就會變快。如果只是一味要求孩子按照符號一個一個認真抄，那反而是讓孩子愈搞不清楚自己在做什麼了。

了解孩子的需求，永遠是協助孩子的第一步。很多時候，不是孩子耍脾氣，而是我們對他的行為知道得太少，才會無法幫助孩子解決困難。孩子都想獲得讚美，也願意表現最好的那一面，只是有時候面對的挫折，超過他自己能解決的範圍，才會出現抗拒的情緒。

幫助孩子找到問題，教導他適當的方式，當孩子覺得有用，自然就會乖乖地配合。請記得讓孩子聽話最好的方式，就是幫孩子獲得成功，而不是比看誰比較凶。

在家玩起來

彩虹密碼

❶ 準備一個畫板、一張小桌子、一張A4紙、一本練習簿、四種顏色的「點點貼紙」和一隻碼表。

❷ 爸爸媽媽先用點點貼紙，在A4紙上貼上五列，每一列需要貼上12個點，相隔的貼紙顏色盡量不要一樣。準備好之後，再把A4紙黏在畫架上。

❸ 將四種顏色的「點點貼紙」交給孩子，讓孩子按照顏色把貼紙貼在有格子的練習簿上。爸爸媽媽可以一起比賽，看誰的動作比較快、貼得比較正確。

❹ 用碼表計時，錯一個需要加五秒，秒數最少的就是贏家。

如果孩子的速度很慢，可以教導孩子「四個一數」的方式，例如:「紅黃綠藍」，這樣速度就會明顯變快，也比較不會出錯。如果孩子依然無法完成，建議改放在桌上，讓孩子先熟練幾次，再試試看貼在畫架上練習。

延伸遊戲

光光老師專注力親子互動遊戲卡
遊戲20「撕畫大創作」(2Y+)

光光老師專注力小學堂

提醒爸爸媽媽，當孩子不願意抄聯絡簿時，首先要區辨的是，如果換成近端抄寫，孩子可不可以做到。如果孩子連近端抄寫都有困難時，問題可能就出在書寫效率。

爸爸媽媽先觀察孩子的握筆姿勢是否正確，如果孩子的拇指肌肉力量不足，採「夾住」筆桿的方式寫字，比較容易感到疲憊。適時地用握筆器或粗鉛筆輔助，都可以協助孩子讓寫字變得輕鬆。還可以幫孩子準備剪刀，讓孩子練習剪厚紙板，增加拇指肌肉耐力。

幫孩子訂出努力的先後順序，一次先努力一件，自然就會漸漸地配合了。

behavior 行為

46

有人叫我嗎 覺察聲音來源能力弱

小惠是一個很乖巧的小孩，平常貼心做事細心。唯獨有個小小缺點，讓媽媽傷透腦筋。就是媽媽叫他，小惠總是沒聽到，叫上好幾十次還是一點反應也沒有。常常搞到媽媽暴跳如雷大吼，小惠才會很無辜的說：「剛剛你在叫我嗎？」日常上明明一點小聲音都聽得很清楚，為何叫他就是聽不到？是不是小惠故意不聽話呢？

＊＊＊

我們的耳朵除了聽聲音之外，還有一個非常重要的功能就是「聽覺定位」——覺察辨識聲音來源。我們有兩個耳朵，雙耳聽到相同聲音時，大腦會分析兩者之間細微的差異（時間、強弱），區辨聲音的來源後，才會啟動我們的專注力，仔細地去聽聲音裡面的內容，並且將聲音轉換成語言的意義。

聽覺定位比較弱的孩子，往往不是不聽話，而是對聲音的覺察太慢。花了老半天才分辨出聲音的來源，不管他注意聽的時間長短，聽話往往都只聽到後半段，常被誤解為故意不配合的假象。其實孩子只是聽覺定位比較弱，而不是蓄意不聽話。

不是不聽話，而是覺察能力弱

原因① 聽力受損

如果一側的耳朵聽力較弱，導致大腦無法透過聲量大小差異分辨出聲音來源，孩子將會出現無法準確判斷聲音來自哪個方向。爸爸媽媽如果擔心孩子的聽力，建議帶孩子至耳鼻喉科幫他安排聽力檢查。

原因② 環境吵雜

生活的環境若較為吵雜，孩子又無法過濾環境的背景聲音，將導致他判斷聲音時備受干擾。現在人回到家的第一個動作常常是開電視，明明沒有看，卻一直放聲音，這對孩子來說就是一種干擾。

原因③ 經驗缺乏

爸爸媽媽回想小時候的成長經驗，抓蟬、抓青蛙依賴的不是眼睛而是耳朵。與大自然互動要先靜下心仔細地聽，找到聲音來源之後，再用心地用眼睛找。現在的孩子，缺乏的就是這樣的經驗，建議爸爸媽媽透過遊戲，給予孩子類似的練習機會，無形中就能增進判斷聽定位與聆聽的能力。

環境與生活的改變，聽覺定位的練習，漸漸從孩子的生活中消失，但是這個能力的需求依然存在。

聽覺定位不好，在家裡並不會有太大的困擾，畢竟家裡多數是一對一的說話，只要能找到媽媽就好，頂多就是反應慢半拍；在學校遇到團體討論時，大家你一言我一句，問題就會變得很頭大。孩子常會因為搞不懂到底是誰在說話，而出現大腦混淆，當然也就無法參與討論，甚至顯得沉默寡言，而影響在校表現。

不是孩子叫不聽，也不是慢半拍，而是孩子練習的機會少。讓我們一起帶著孩子練習，很快地孩子就會變得很聽話了。

在家玩起來

找出小青蛙

❶準備兩支手機，將鈴聲改成蛙鳴聲。

❷先請孩子將眼睛閉起來，悄悄地把手機藏起來，不要讓孩子看見藏在什麼地方。

❸打電話給被藏起來的手機，請孩子仔細聽，將「小青蛙」找出來。

孩子比較容易分辨高音頻的聲音來源。如果孩子一直找不到，可以先將鈴聲改成「鈴鐺」「鳥叫」的聲音，這樣孩子會比較容易成功。

延伸遊戲

光光老師專注力親子互動遊戲卡
遊戲03「聽聽在哪裡」(4M+)

光光老師專注力小學堂

叫了孩子老半天，孩子卻一直沒有反應還有兩種可能性。

第一種是「孩子覺得叫他總沒好事」。孩子一聽到你叫他，大腦會直接把聲音過濾掉，當然也就不可能聽到啦！請記得不要每次叫孩子都是責備，適當給予一些讚美或獎勵，讓孩子連結呼喚他也是一種獎勵。當孩子不小心錯過幾次肯定的獎勵後，自然就會打開耳朵認真聽你喊他了。

另一種是「孩子過度專注工作」。當孩子專注於一件事，大腦會全神貫注思考與執行，暫時聽不到外在聲音。如果是這樣的情況，爸爸媽媽應該要覺得開心，因為孩子的專注力很好。這時要調整的反而是大人的心態，不是不停地抱怨孩子不配合，而是我們要給孩子再多一點耐心。

behavior 行為 47

你說什麼呢 無法將聽到的資訊記憶下來

小達是一個活潑的小男孩，非常喜歡發表意見，整天一直說話講個不停。愛講話的他，有一個小行為讓媽媽擔心不已。小達明明很會講話，但是媽媽和他說話時，同一句話一定要說上兩、三遍，小達好像才能搞懂語意。常常和他說完，他不是說「蛤——」，就是「剛剛說什麼？」真是讓爸爸媽媽傷透腦筋，為何不能一次就聽清楚，是不是別人講話時他都沒有專心在聽呢？

＊＊＊

「聽覺記憶」就是將耳朵聽到的資訊記憶下來的能力。例如：在路上巧遇久別不見的同學，即將告別時互相留下電話，當對方說出一長串數字時，雖然很陌生但可以立即覆誦一遍，找到紙筆後書寫下來。這種可以立即覆誦的能力，就是「聽覺記憶」。可以記得多少數列的長度，則是「聽覺記憶廣度」。

聽覺記憶廣度如果不足，孩子一次只能記住七個字，當爸爸媽媽一句話說了十二個字時，就會出現「缺字」的問題。只說一遍孩子當然聽不懂，要重複說兩、三次，孩子才有辦法在大腦裡拼拼湊湊出一句話。當孩子常常會說「蛤——」時，是因為他真的沒聽完整而不是分心，這是聽覺記憶廣度不足的表現。

聽覺記憶不佳的可能原因

原因① 過多視覺刺激

透過眼睛看，回想腦海中浮現的景象，是「視覺記憶」；透過耳朵聽，回憶腦海中響起的聲音，是「聽覺記憶」。隨著科技、3C產品的發達與流行，在Facebook只上傳照片已不夠，要分享影片才能吸睛。導致現在孩子過度依賴視覺記憶，對於聽覺記憶的練習大量減少。

原因② 孩子太少唱歌

聽到一個旋律即便對歌詞不熟悉，我們還是可以哼出曲調，就是因為旋律可以幫助記憶。當人們在說話時，需要詞彙和語調兩種能力結合，才能正確表達涵義。唱歌就是訓練對於語調的感受度，帶著孩子多多唱歌，先記得歌曲的旋律後，再反覆練習，就會愈記愈多，聽覺記憶廣度也就漸漸地被延長。

原因③ 詞彙量比較少

孩子詞彙量的多寡，也會影響到聽覺覆誦廣度的表現。就像是如果要求你覆誦一段日語，絕對比讓你覆誦國語來得困難許多。孩子也是一樣的，如果詞彙量不足，也會增加覆誦上的困難度。多帶著孩子一起念故事、讀繪本，幫助孩子增加詞彙量，也能增強孩子在聽覺記憶上的表現。

視覺是一種強勢感覺，大腦在處理視覺訊息時需要耗費大量能量。我們把手機給孩子玩時，無意間給孩子過多的視覺刺激，當大腦的運作都給了視覺訊息，當然就抑制聽覺訊息的處理效率。不要把手機當作孩子保母的同時，又怪孩子耳朵不聽話。

在家玩起來

我是接線生

❶ 寫一串數字字卡，先從四位數開始，漸漸增加到九位數。

❷ 抽出字卡念出字卡上的數字，例如：6012，要求孩子跟著念。

❸ 孩子四位數都正確百分百後，再增加為五位數，要練習到可以正確說出九個數字的字串為止。

❹ 鼓勵孩子覆誦電話號碼或車牌號碼，也有相同的練習效果。

當孩子可以完成數字覆誦後，我們就可以開始練習短句覆誦。例如：我最喜歡的顏色是紅色、黃色、藍色，然後要求孩子立即覆誦出一模一樣的句子。爸爸媽媽可以準備一本孩子喜歡的故事書，爸爸媽媽先讀一句，孩子跟著念一句，也是相當不錯的練習。

延伸遊戲

光光老師專注力親子互動遊戲卡
遊戲 45「樂隊演奏家」(5Y+)

光光老師專注力小學堂

聽覺記憶比較弱的孩子，爸爸媽媽和他說話時，一定要讓孩子看到你的嘴巴。透過「看到」嘴巴動的次數，孩子覺察自己有沒有漏字，才能更容易聽懂你在說什麼。有時孩子聽不懂，或許還有下列兩種可能性：

第一種是「孩子聽不清」。如果孩子在「音韻覺察」出問題，當大人說話比較快時，會覺得有兩、三個字，擠在一起跑進耳朵裡，害他聽成另外一個字。音韻分析不佳的孩子，特別容易把「不要」聽成「要」，導致搞不清楚狀況。

第二種是「孩子聽不懂」。如果孩子在「聽覺理解」出問題時，可能就會出現明明有聽到，但是搞不懂句子裡的意義。聽覺理解不佳的孩子，可以百分之百的覆誦一遍，卻不懂句子的涵義。

behavior 行為 48

注音老搞錯
音韻覺察不佳

小晞是一個很聰明的小孩，才大班就已經認得很多國字，辨識路上招牌難不倒他。好奇怪啊！ㄅㄆㄇ教了好久，小晞怎麼也學不好，拼音更是二三聲分不清。明明就已經會寫比較難的國字，怎麼相對簡單的ㄅㄆㄇ反而搞不懂呢？是小晞不配合，還是哪裡卡住了？

***

耳朵在人體感官中，負責扮演區辨的角色，分辨出聲音之間的差異性，這個能力稱為「音韻覺察」。學習語言時，嬰兒的大腦會自動地將聽到的語音加以統計、區辨與歸納，找出語音中最小單位——音素。就像是聽到「家」和「甲」，聽起來有點相似卻又不太一樣。孩子可以找出兩者之間的差異，並且分析出ㄐ、ㄧ、ㄚ三個語音的元素，透過反覆聽話與說話的過程，漸漸修正自己的咬字發音。小寶貝們最後會歸納出三十七個音素，也就是我們拼音時的ㄅㄆㄇ。

音韻覺察比較弱的孩子，常常會出現「過度歸納」的問題。把ㄗ和ㄓ、ㄙ和ㄕ、ㄋ和ㄌ等相近音誤認為是同一個聲音，導致在拼音時出現混淆。在臨床上也觀察過有孩子將ㄣ、ㄢ、ㄤ三個母音混淆，連帶影響對識字的學習。

孩子音韻覺察不佳的原因

原因① 多重語言環境

圍繞身邊的語言種類愈多，大腦需要歸納出來的音素也跟著變多，在運用音素上就會增加難度。國語要記三十七個注音符號，英文要學二十六個字母，若再加上日語五十音，需要記憶的音素實在太多，已超過孩子能記憶的範圍。要拼出聲音也就愈顯困難，你覺得在這樣的情況下，孩子說話會比較快，還是比較慢呢？要孩子同時學習三種以上的語言，可能會導致孩子比較慢才開始說話。

原因② 發音咬字不佳

孩子發音咬字不佳，跟照顧者是否有嚴重的台灣國語有關。如果孩子長時間「聽到」和「說出」的音不一致，會使大腦誤以為兩者是相同的，導致音韻覺察出現困擾。爸爸媽媽不用太擔心，兩歲多的小小孩，說話總是會有一點童音，不用刻意矯正到字正腔圓。但在四歲半後，如果孩子還是說話不清楚，就一定要到醫院，尋求語言治療的協助。

原因③ 符號系統混淆

學習拼音時，孩子必須要記憶每個抽象符號對應的指定聲音。ㄅㄆㄇ和ＡＢＣ一定要錯開學習，如果同一個時間一起教，ㄨ和ㄚ這兩個符號，對應注音符號與英文字母上的發音是不同，很可能會讓孩子出現混淆的情況。臨床上常看到孩子將ㄚ念成歪，不是孩子腦筋不靈光，而是把中文跟英文搞在一起，表現出來就是學習效率差。

記得小學一年級的課文嗎？

天亮了我起來了，太陽也起來了。
我起得早，太陽也起得早。
我天天早起，太陽也天天早起。

在一年級的教室裡，最常聽到的聲音，就是那稚嫩又可愛的讀書聲。孩子透過大聲朗讀的過程，將嘴巴和耳朵建立一個緊密的連結，進而發展出音韻覺察的能力。現在孩子在學校裡，需要學習的科目愈來愈多，朗讀時間卻愈來愈少了。有機會請多帶著孩子一起大聲朗讀，就是最好的發音練習。

在家玩起來

唱出好音韻

❶《伊比呀呀》，訓練孩子的嘴形變化，增加韻母發音的準確度。

伊比呀呀　伊比伊比呀　伊比呀呀　伊比伊比呀

伊比呀呀　伊比伊比呀　伊比呀呀　伊比伊比呀

❷《爆米花》，訓練孩子的嘴形變化，ㄅㄆ和ㄇㄏ發音區辨能力。

嗶嗶啵啵嗶啵啵　嗶嗶啵啵嗶啵啵　爆米花　爆米花

一顆玉米一朵花　二顆玉米二朵花　很多玉米很多花　有一顆玉米不開花

問一問它　為什麼你呀不開花⋯⋯

並不是拿著課本才叫做學習。在我們與孩子哼哼唱唱童謠中，不只是在遊戲，更是培養孩子的音韻覺察能力。

延伸遊戲

光光老師專注力親子互動遊戲卡
遊戲10「請你跟我這樣說」（10M+）

光光老師專注力小學堂

有些自閉症的孩子擁有與眾不同的天賦——絕對音感。只要聽到別人彈一次樂曲，就可以馬上記憶下來，並且彈出一樣的旋律，甚至連一個音符也不會錯。有沒有覺得很奇怪，既然有絕對音感，為何他都不說話呢？

自閉症的孩子，在語言學習的階段，將語音的音素切割得太細，就連兩個人說同樣的聲音，也當作不一樣。就像台灣國語腔調，雖然發音不甚清楚，一般人依然聽得懂，自閉症的孩子卻完全不能理解。由於大腦將音素歸納得過細，出現分類與組織的困擾，他們在語言學習上變得比較困難。

behavior 行為

49

總是放空神遊

無法將聽到的聲音轉換成可以理解的語言

麥克是雙胞胎中的弟弟，和哥哥兩個人出生的時間差不到十分鐘，個性卻完全不同。相對於哥哥的活潑機靈，他則是溫柔文靜。兩兄弟的互動，常常是大人說一句話，哥哥馬上搶答，麥克默默跟著做，爸爸媽媽也不覺得哪裡有問題。最近學校老師總反應：「麥克在學校裡常發呆。」媽媽才警覺，麥克是不是哪裡怪怪的？回到家，媽媽問問題刻意不讓哥哥先回答，才發現麥克完全沒反應，究竟是太依賴哥哥，還是哪裡不對勁呢？

＊＊＊

當耳朵聽到一連串的字，透過聽覺神經傳遞至大腦後，聽覺中樞會將這些如同電報密碼的訊息，轉譯成可以理解的語言，這個過程稱為「聽覺理解」。值得注意的是能覆誦句子，不代表可以理解句子，因為這兩個是完全不同的功能。就像是當你聽到一句英文，雖然可以跟著覆誦正確，卻不一定能理解其中的意思。

聽覺理解佳的孩子，對於指令的配合度比較高，也能立即給予回饋；聽覺理解弱的孩子，往往不是不聽話而是聽不懂，常常會一直看別人，直到別人開始動作後，才能理解你在說什麼。幼兒園階段，老師會有大量示範，所以不會有問題。進入國小以後，在教室裡聽不懂老師說的內容，常常出現放空發呆的情況，學習障礙就會慢慢浮現。

聽覺理解不佳的原因

原因① 音韻覺察不佳

聽覺理解較弱，並不是所謂的聽力受損（重聽），而是音素辨識能力較弱。因為無法清楚分辨音素（例如：ㄐ、ㄑ、ㄒ），導致無法迅速地對於語句做出反應。往往聽老師說一句話時，會漏聽其中的一、兩個字，或是無法分辨音很相似的字詞，而誤解老師的意思。多多練習念有押韻的文章，就能提升孩子的音韻覺察能力。

原因② 太常用娃娃語

四歲以後孩子正在大量學習詞彙，常常會蹦出一些新詞彙，這時爸爸媽媽要盡量減少使用娃娃語。就像是下雨天，前面有一灘水，你可以說：「不要踩小水窪」，而不是「不要踩水水」，孩子聽覺理解不佳，最常見的原因就是詞彙量不足，若一直使用娃娃語，孩子很難學習到新的詞彙。在日常生活中，多和孩子說話，多讓孩子問問題，透過觀察生活中的事物，就是在豐富孩子的詞彙量。

原因③ 文法結構不佳

雖然我們沒有覺察，但是語言必須依照文法結構才能傳達意思。就像是「你把香蕉拿給我」，如果說成「香蕉把你拿給我」，雖然可以聽得懂，但是就是很奇怪。如果說成「你香蕉我拿」，鐵定讓人感到一頭霧水。明明是同樣一組字，順序顛倒了，意思就完全不一樣。又如果同時學習多種語言，會因為文法結構的差異性而有所不同，若差異過大，語意理解上就有可能出現困擾。

進一步追蹤研究發現，如果孩子的聽覺理解比較弱，進入國小後有閱讀理解困擾的比例會明顯較高，爸爸媽媽一定要多多注意。

對於語言的理解能力，需要經由反覆提出疑問並且獲得解答，在一來一往中逐漸地累積。孩子在四、五歲時，常常會不停地問為什麼。不是孩子在搗蛋、找麻煩，而是他正在練習理解力。爸爸媽媽要多點耐心，不用急著回答孩子，而是引導孩子透過書本一起找出答案，就是給孩子最好的練習。

在家玩起來

大家猜一猜

❶ 準備一些有趣的小謎語，一些小貼紙當獎勵品，大家輪流猜一猜。

❷ 最初，媽媽和孩子一組，爸爸出謎題。例如：

- 天空上，哪個東西有時候圓圓的，有時候彎彎的，晚上才看得見？
- 在桌子上，哪個東西是圓圓的、淺淺的，可以用來裝你喜歡吃的水果？

❸ 讓孩子多想一下，不用每次幫忙喔！

六歲以上的孩子，可以改用大約四到五句的短篇小故事，要求孩子回答出裡面的內容。最簡單的方式，就是準備一本低年級的閱讀測驗念給孩子聽，然後帶出下面的題目讓孩子回答，就是相當不錯的練習。

延伸遊戲

光光老師專注力親子互動遊戲卡
遊戲33「收拾小超人」(3Y+)

光光老師專注力小學堂

從大腦的神經結構來看，語言可以分成兩個系統：「接收性語言」和「表達性語言」。

「接收性語言」位大腦的威氏區（Wernicke's area），負責語言記憶與理解。如果大腦這區受傷，如車禍、中風等因素，病人語言理解就會出現困難，說不出事物名稱，但發音沒有困難且說話流利。

「表達性語言」位大腦的布氏區（Broca's area），負責語言表達與發音。大腦這區受傷時，病人說話速度會慢，發音不正確並出現電報語言。在聽力和閱讀能力則沒有受到太大損傷。

孩子愛說話不等於聽得懂，臨床上許多被錯怪的孩子，就是很愛說話但都聽不太懂，結果被誤認為愛調皮搗蛋。

behavior 行為

50

就是開不了口 不擅長將腦中想法傳達給他人

小宏是一個國小一年級的內向小男生，長得白白胖胖的超級可愛，讓人忍不住想要捏他的臉。溫溫的他好像沒有個性一樣，不論人家跟他說什麼他都只會說好。有時需要他開口說話時，總會支支唔唔的，講了老半天就一直是這個、那個。媽媽本想小宏就是個性害羞的小孩，也沒太在意。但是最近小宏和還在念幼兒園的弟弟吵架老是吵輸，問他原因卻又講不出來，真讓媽媽擔心，溫吞的他在學校會不會被同學欺負呢？

＊＊＊

語言表達就是將大腦中的想法，透過語言或行動的表現，傳達給別人知道的能力。仔細地去聽聲音裡面的內容，並且將聲音轉換為能與他人溝通的語言。

不善於說話的孩子，常見發音不清晰，像是把「老師」說成「老蘇」、「獅子」說成「梳子」。由於擔心怕被人嘲笑，所以不敢說話，久而久之就變得更不敢表達。除了構音問題之外，口語表達還需要同時擁有詞彙、文法、結構和條理等能力才能流暢。

善於語言表達的孩子，在團體中占有優勢易成為領導者；語言表達較弱的孩子，多數當個聽話的跟隨者。長期下來，語言表達能力弱的孩子會變得愈來愈不敢開口，影響到他的自信心發展，爸爸媽媽一定要注意。

語言表達不佳的原因

原因① 發音不清楚

發音需要舌頭與呼吸協調才能完成。就像要說「拉拉拉」時，舌頭必須往上抬，放在上排牙齒的後緣，如果位置放錯，就會變成「哈哈哈」。舌頭動作不靈巧，發音就會跟著不準確。舌頭動作的靈巧度，和孩子食物種類的複雜度有關，如果孩子一直吃軟軟的東西，只要用吞下去的方式就可以進食，舌頭的練習經驗當然也就不夠。

原因② 說話不流暢

不流暢通常有兩個原因，一是孩子大腦想要講的太多，但是舌頭動作跟不上，導致出現結巴的情況，這在兩歲多的小男生比較容易出現。這時不要刻意去糾正孩子，以免孩子產生壓力反而更容易結巴。我們通常說話都是講到一個段落才換氣，但是有些孩子由於呼吸控制不佳，說到一半就要換氣，就易出現說話不流暢的表現。這時可鼓勵孩子多哼歌或吹笛子，讓孩子練習呼吸節奏就會有所幫助。

原因③ 表達不清楚

語言表達有問題的孩子，常常是說老半天，但是都沒有提到主詞。雖然說得很多又很久，還是很難讓他人聽得懂。由於省略主詞，在描述三個人以上的互動時，就讓接收訊息的人難以理解。孩子滿五歲後，可以教他把話講清楚的技巧，當他在描述事件時，清楚說明「人、事、時、地、物」，特別是時間和地點這兩項。

語言表達不僅是說話而已，更是人際互動的關鍵。孩子說不出自己的想法，在團體中就只能配合別人，當然顯得退縮。鼓勵孩子多說話，最簡單的方式，就是讓自己變成一個好聽眾，孩子說話的時候千萬記得不要不停地打斷他。請先聽孩子把話說完，再幫孩子延長句子的長度，透過你的引導，孩子的語言表達能力就會愈來愈順暢。

在家玩起來

頭上是什麼？

❶需要三人以上一起玩，準備一些圖卡（食物、日常用品、交通工具）和幾個髮帶。

❷將髮帶綁在頭上，然後抽一張卡片，自己不可以看到。

❸再將卡片放在額頭上，用髮帶固定住，讓別人都可以看到卡片。

❹向玩伴詢問：「我的頭上是什麼？」聽完別人的描述，猜猜自己頭上的圖卡。輪到別人問時，記得要描述物品的功能，但是不可以說出圖卡的名字喔！

❺最快答對五張圖卡的就是贏家。

五歲以上的孩子，比較適合這個遊戲。年紀比較小的孩子，可以使用故事圖卡或繪本，引導孩子試著說熟悉的故事給爸爸媽媽聽，那也是不錯的練習喔！

延伸遊戲

光光老師專注力親子互動遊戲卡
遊戲40「你還記得嗎？」（4Y+）

光光老師專注力小學堂

臨床上經常發現小女孩的語言表達能力，遠遠超前同年齡的小男孩。事實上，兩者連使用語言的目標也有很大的差別。男孩們說話的目的是交換資訊，女孩們說話的目的是確保人際關係。

語言表達時，左大腦負責構思文字，右大腦掌管情緒語調。在左右腦間有一個胼胝體負責扮演橋梁，女生的優勢就在這裡。大腦兩側訊息快速傳遞，更能將情緒用語言表達出來。

洪蘭教授曾說「男生平均每天講七千個字，女生講兩萬個字」。語言，可以說是女生的天賦，在察覺情緒與人際互動上，更是比男生來得敏感。

當小男孩變成青少年時，記得不要問孩子：「你知道我是什麼感覺嗎？」這句話常常會引起不必要的衝突，因為男生不擅長用語言表達自己的情緒。

Part 7

動覺專注力不足

動覺是最常被爸爸媽媽忽略的感覺，但跟孩子的學習效率與解決問題最有關連。

動覺最重要的功能就是將熟悉的動作轉為「自動化」過程。當日常生活的動作自動化之後，孩子的大腦才能留有空間思考，學習才會更有效率。如果孩子的動作一步一步都需要思考才能執行完成，動作當然也就慢半拍，甚至會丟三落四。

「動覺專注力」需要具備的五個基礎能力，是孩子日後學習的關鍵！

51 行為 坐沒坐樣

52 行為 家有跳跳虎

56 行為 上課愛講話

57 行為 我行我素

Part 8
情緒專注力不足

情緒除了天生氣質之外，更重要是〇至七歲間的生活經驗累積。

情緒不是天生的，而是分化而來的。情緒發展的歷程比我們想像的更為複雜，許多有情緒困擾的孩子，因為本身注意力不佳，無法察覺別人的表情，許多行為相對顯得白目，甚至干擾到人際互動。

就讓我們一起找出來「情緒專注力」需要具備的五個基礎能力吧！

53 行為 動作慢半拍

54 行為 討厭拿筆

55 行為 好容易當機

58 行為 搞不清狀況

59 行為 不會看臉色

60 行為 翻臉輸不起

behavior 行為
51

坐沒坐樣
無法維持固定姿勢

喬喬是一個活潑又有禮貌的漂亮小女生，各項表現都很好的她，有一件事總讓媽媽想不透。每天只要下課回到家，就好像沒骨頭一樣，常常只想躺在沙發裡，要她坐在小椅子上，不是一下子就跑掉，就是把腳翹在桌子上。媽媽好說歹說的，喬喬就是不放在心上，就算是生氣地叫她罰站，也會像毛毛蟲一樣扭來扭去。快把媽媽給逼瘋了，明明在外面所有的表現都很優秀啊，為何一回到家裡就變了樣呢？

＊＊＊

「姿勢控制」是指可以維持固定姿勢的能力。從動作發展理論來看，動作能力的發展需要遵守三個原則：從反射到自主、從靜態到動態、從近端到遠端。要發展手腳的動作協調之前，孩子必須要先擁有良好的軀幹穩定能力。

姿勢控制的能力跟一般大人想像的不一樣，不是用孩子手腳力量大不大來判斷。責怪孩子愛偷懶、不正經之前，或許可以先想想是不是孩子核心肌肉群耐力不佳。

對於姿勢控制不佳的孩子，坐著不要動基本上跟蹲馬步一樣累人。

姿勢控制不佳的可能原因

原因①　雙手很少舉高

回想小時候，爬樹、擦玻璃、打球，甚至是偷拿糖果來吃，都需要把手舉得高高，這些動作能充分訓練到上半背部的肌肉力量。現在的孩子操作高度幾乎都在肩膀的水平面之下，需要將雙手舉高的機會大量減少，表現出來的就是上半背部肌肉力量不足，伴隨彎腰駝背的情況。

原因②　腹部肌肉沒力

從生理結構來看，我們的胸腔位於腹部上方，腹部就像是一顆充滿氣的皮球，支撐著胸腔的重量。腹部這顆皮球靠著腹肌力量支撐胸腔，如果腹部肌肉沒力，就像洩了氣的皮球一樣，無法支撐胸腔重量，坐著的時候容易坐不穩。當腹部肌肉沒力，就會將大腿彎起靠近腹部，以增加皮球的力量，出現一支腳放在椅子的怪異坐姿。

原因③　爬行經驗不足

姿勢控制也會受到反射動作的干擾，出現不自主動來動去的情況，最常見的就是受到頸部張力反射的影響。這是一種原始反射，當小嬰兒頭往右轉時，右手會自動地伸直，左手就會自動彎曲。小嬰兒只要可以控制好頭部動作，就可以伸手拿到喜歡的奶嘴，並且放進嘴巴。隨著孩子開始爬行，這個反射就會被打破，讓手腳可以隨心所欲的動作。基本上四歲以後頸部張力反射就會完全整合，而不會影響到孩子的姿勢控制。如果幼兒期爬行經驗不足，這個反射動作沒有整合成功，當然就會出現頭一動，全身跟著動來動去的坐不住行為。

由於生活型態的改變，孩子的手腳很有力，但是軀幹力量卻不足。孩子需要的不是責備，而是明確的指引，幫孩子培養好姿勢控制的能力，很快地孩子就能乖乖坐好了。

在家玩起來

我是小飛俠

❶準備一顆直徑約一百公分的瑜伽球。
❷爸爸媽媽跪著把瑜伽球放在兩腿中間，用大腿稍微靠著球雙手扶球。再請小朋友趴在瑜伽球上。
❸雙手改扶著孩子的腰，鼓勵孩子將手腳抬高離地，做出飛起來的姿勢。數到三十下就算是成功，這個飛起來的動作要重複十次。

一開始可以先數到十，增加孩子完成動作的成就感，再逐漸增加到三十。當爸爸媽媽很熟練這個活動以後，就可以在數數時順便輕輕左右、前後搖晃瑜伽球，讓孩子更可以感覺到「飛翔」的感覺！

延伸遊戲

光光老師專注力親子互動遊戲卡
遊戲32「金雞獨立」(3Y+)

光光老師專注力小學堂

坐沒坐樣的孩子如果同時伴有肌肉張力低，像是一顆懶骨頭時，就要注意孩子的身體姿勢，避免日後出現脊椎側彎的風險。

人體的脊椎骨並不是一根直直的棍子，而是有一定的曲線，才能擁有彈性應付走路時的震動。從側面來看，脊椎骨呈現一個S型；如果從正後面來看，則呈現一直線。

脊椎側彎則是從正後面看，脊椎骨出現S型形的彎曲，會導致兩肩高度不一、肩胛骨凹凸不一、經常歪頭看人的情況。脊椎側彎在二十度以下，配合適當運動就可以矯正；在二十至四十度時，就需要裝上讓人很不舒服的背架。

爸爸媽媽一定要在孩子骨頭發育時，多幫孩子注意姿勢正確，避免脊椎側彎的發生。

behavior 行為 52

家有跳跳虎 前庭刺激未被滿足

小佑是一個活潑的小孩，平常喜歡碰碰跳跳，常常在家裡跑來跑去，體力超級好，大人都比不上他。只是小佑好像不太會走路，到哪裡都用跑的，活像一隻跳跳虎。每次過馬路都沒辦法乖乖等待，搞得媽媽提心吊膽。愛動來動去的小佑，會不會是過動兒呢？

＊＊＊

前庭功能在我們的內耳，負責掌管身體平衡與速度感，察覺頭部在空間中移動的速度與距離。跑步、彈跳、旋轉、騎車等活動，所提供的加速度感，都可以獲得前庭感覺的回饋，促進孩子在動作協調方面的發展。

許多原本怕高的小小孩，在三、四歲時會突然變得超級喜歡溜滑梯和盪鞦韆，這不是大人單純地以為孩子變調皮、愛搗蛋，而是他們正在為閉著眼睛也可保持平衡做準備。只是孩子在學習的過程，還無法精確地運用身體，就會出現跑跑跳跳尋找刺激的行為。

就像是學騎摩托車一樣，一開始可能騎時速三十公里就覺得超快，一定要放開油門減速；騎半年後，時速六十公里可能都會覺得很慢，不知不覺就將油門催到時速八十公里。有天若不小心摔車，就會暫時乖一點放慢速度，又會回到騎時速四十公里。就是這樣來來回回，最後才會固定都騎時速六十公里。

跳跳虎需要透過無數次的練習，漸漸熟練運用身體

原因① 孩子體能的增加

四歲以後，孩子不僅長高變大，活動量也變多。原本每天在家都有固定睡午覺的習慣，現在體力夠、電池變大顆，若整天活動範圍仍然只在家裡，活動量不夠可能連午覺也都不用睡。建議每天給孩子一小時的戶外活動時間，讓他盡情地遊玩、跑跳。面對這個年齡層的小孩，如果硬是想要把他關在家裡，無疑是要他把客廳當作操場，當然就會增加衝突。

原因②　發展高階的平衡

人體的平衡功能非常複雜，需要視覺、前庭覺、腳踝穩定度彼此合作。小小孩階段，孩子主要的平衡感是依靠視覺。四歲後視覺轉為用來辨識物品，平衡就由前庭覺接手。這也孩子開始喜歡爬高爬低進行危險遊戲的原因，不是他愛搗蛋，而是他在練習自己的平衡感，讓眼睛可以解放出來專心看物品的過程。

原因③　視覺與前庭混淆

在大自然裡，前庭刺激與視覺刺激往往同時產生，並且有因果關聯性。當你跑得愈快，視野變化也就愈快。隨著電動遊戲的普及，這樣的因果關聯被打破，明明坐在椅子上不動，眼睛看到的事物卻不停地動，孩子的大腦出現錯誤判斷，以為自己可以跑得超級快、跳得超級遠，結果就做出許多超過自己能力的動作，大人看到了當然覺得險象環生。應該讓孩子多往戶外跑，孩子獲得足夠的前庭刺激，自然可以減少他沉迷在電動的時間。建議爸爸媽媽在孩子九歲之前，當他的自制能力尚未成熟時，不要將手機當作保母，以免孩子過度沉迷在虛擬世界之中。

少部分的孩子，天生對於前庭刺激的需求量較高，需要更多的活動量才能被滿足。除了學校裡面的體育課之外，爸爸媽媽更要多帶孩子外出走走，培養孩子規律的運動習慣，才能讓孩子在學校裡坐得住。

孩子放學後回家前，記得抽空先帶他到公園晃一晃，玩一下盪鞦韆、溜滑梯、騎腳踏車等，讓孩子用合宜方式獲得前庭刺激，體力適度宣洩後，就可以讓他在家裡表現得比較好。

很快地當孩子覺得自己坐不住時，就會主動請你帶他去公園遊玩，也就不會在家裡調皮搗蛋了。記得先了解孩子，才能正確引導孩子。我們要給予的應該是適當活動安排，而不是一味責備。

在家玩起來

翻滾吧！男孩

❶準備一條大被單，鋪在有地墊的地板上。

❷先將大被單對折，讓孩子躺在被單一端，雙手抓著被單，慢慢地把自己像壽司一樣捲起來。

❸捲好以後，爸爸媽媽雙手拉著大被單，數一二三，舉高被單，讓孩子快速地自己滾出來。

一開始時請務必溫柔一點，不要動作太快或舉得過高，以免發生危險。孩子最初不知道自己的極限，第一次先玩三回合，以免過度刺激導致孩子出現頭暈的現象。

延伸遊戲

光光老師專注力親子互動遊戲卡
遊戲30「走秀模特兒」(3Y+)

光光老師專注力小學堂

孩子需要的是學會更有效率的技巧，而不是單純的消耗體能。

我們大人常常誤將跑步和前庭刺激畫上等號，以為孩子在家動來動去，就要帶他去跑步。其實這只是消耗孩子的體力，獲得的前庭刺激卻不夠多。孩子常常已經累得要命，仍然不願意回家還要繼續玩，都是因為刺激沒有被滿足。我們可以問自己，跑步和騎車哪一個比較快？哪一個比較省力？鐵定是騎車不是嗎？那為何要一直跑、跑不停呢？

動是孩子的天性，請不要高壓的限制。在家裡可以準備跳跳床、跳跳馬，在注意安全下和孩子玩前庭刺激遊戲。請記得不要教孩子在床上或沙發上跳，因為孩子年紀還小不會分辨情境，他無法判斷家裡的沙發可以跳，別人家的沙發不可以跳。

behavior 行為

53

動作慢半拍

雙側協調性不佳

洋洋是一個溫和的小孩，不管人家說什麼都好，一點脾氣也沒有，老師們都好喜歡他。就是有一點讓人很擔心，洋洋的動作很慢，不管怎麼催促，他都一樣慢慢來。幼兒園上台表演跳舞時，洋洋動作老是和大家不一樣，總是慢一拍。就連穿衣服那樣簡單不過的事，也要花上好一段時間才能完成。媽媽憂心地想著，進入小學功課變多後，洋洋會不會寫到半夜也寫不完呢？

＊＊＊

「雙側協調」是雙手可以彼此合作，操作一個物品的能力。從大腦神經生理來看，人類有兩個大腦半球，左大腦負責右側身體的動作，右大腦負責左側身體的動作。如果成人中風在左大腦時，會導致右側肢體癱瘓無法動作。兩側肢體動作，分別由兩個不同系統控制，如果要能協調動作，需要彼此資訊交流才能完成。

嬰兒時期孩子的兩手都是執行相同的動作，要舉手兩手一起高舉，要放下兩手一起的放下，無論如何兩側的動作都是一樣的。隨著孩子愈來愈能控制自己的肢體，兩隻手才能分開來做不同的動作。這時孩子常常會一手拿著玩具，另一手操作物品，其實不是孩子迷戀玩具，而是孩子在想辦法讓自己的兩手做不同的事。

兩歲以後孩子的雙手開始明確分化，一手負責操作，另一手負責固定，雙側協調也就漸漸成熟。如果雙側協調不佳，孩子就會常出現動作慢吞吞、搞不清楚左右、不會騎腳踏車、莫名其妙跌倒等行為，這些協調不佳的行為，有時甚至會影響到自信心的發展。

動作跟不上的可能原因

原因① 缺少跨越中線的練習

人體從正面看，若從正中央畫一條直線，你會發現身體的兩側是完全對稱的。這條想像的線，就是「身體中線」。雙手要能彼此合作，最重要的就是一隻手要能跨越這條身體中線到另一側。小嬰兒練習這個動作的表現就是翻身，翻身時小嬰兒會用手跨越身體中線，誘發身體轉動，然後腳用力一蹬就翻過去了。如果把小嬰兒都綁得緊緊，讓他乖乖躺著不動，練習的經驗當然就會不足夠了。

原因② 不斷更換慣用手

基本上，孩子不論是左撇子或右撇子，在動作協調上都不會有問題。但是如果讓孩子一下子用左手，一下子又改成右手，不斷改來改去會讓大腦資訊混淆。當大腦無法判斷以誰為主時，左右腦就會出現爭搶的情況，出現肌肉動作無法協調。孩子如果是左撇子，請不要刻意改成右手，以免雙側協調動作受到干擾。

原因③ 生活經驗缺乏

相對於滑步車的流行，腳踏車才是我們小時候熟悉的行動遊具，也是最好的雙側協調訓練。騎腳踏車時，如果雙腳一起用力踩踏板，腳踏車鐵定會卡住完全不動。騎腳踏車的技巧就是要一邊用力往下踩，另一邊放鬆地往上抬高，腳踏車才能順利往前進。滑步車就算兩隻腳一起蹬、一起抬，只要快一點還是可以往前，雙側協調的動作就沒有練習到。帶著孩子到戶外騎一騎腳踏車，幫助他增加雙側協調的練習。

對大人而言，成績好壞往往是最重要的；在孩子的世界中，動作好壞才是關鍵。就像是國中時的風雲人物，通常是籃球隊隊長，而不是全校第一名。動作品質的好壞，不僅是動作快慢的問題，更會影響到孩子的自信心。不要覺得動作慢的孩子長大就會改善，請陪著孩子多練習，幫孩子建立出良好的雙側協調。你會發現雙側協調佳，孩子不用你催促，動作也會變快很多。

在家玩起來

第三類接觸

❶ 準備兩張小椅子、一個大餅乾盒和一根小木棍。

❷ 將椅背跟椅背靠在一起擺好，一人坐一張椅子，背靠背。爸爸（媽媽）和小孩子雙手都伸出食指，做出比一的動作。

❸ 小孩子用右手先開始，爸爸（媽媽）用左手先開始。將手伸出來跨越身體中線，稍微轉身，往後面碰到對方的手指頭。

❹ 然後再換另一隻手，轉另一個方向，再去碰對方另一隻手的手指頭。

❺ 先練習十次，讓大家都熟練這個動作。

❻ 接著就請一個人拿著小木棍敲打餅乾盒，敲一下碰一次。

一開始敲的速度要慢一點，孩子有成功經驗才會比較願意練習。經驗上，孩子喜歡打鼓看爸爸媽媽比賽，親子一起玩，更能增加孩子願意練習的動機。

延伸遊戲

光光老師專注力親子互動遊戲卡
遊戲 41「歡唱舞會」（4Y+）

光光老師專注力小學堂

孩子動作慢半拍，若還出現昏昏沉沉，一副沒有睡醒的樣子，爸爸媽媽就要考慮另外兩種可能性。

一是「睡眠時間不足」：孩子因為睡眠不足，導致大腦還沒清醒，所以動作慢半拍。常見的原因是孩子睡眠時間太短，這時請調整孩子的睡眠時間。

二是「睡眠品質不佳」：在臨床上也見過孩子雖然睡眠時間足夠，但受過敏、氣喘、鼻塞等影響，導致睡眠品質不佳，結果愈睡愈疲勞，這時請先改善上呼吸道問題。

behavior 行為

54

討厭拿筆
手指靈巧度不足

小沐是一個文靜的小女生，喜歡玩扮家家酒，還有好多好朋友。可是很奇怪，一般小朋友喜歡的畫畫，她總是一副興趣缺缺的樣子。畫畫時都要媽媽在旁邊陪她，或是撒嬌請媽媽幫忙。老師說小沐在學校做勞作，也都請同學幫她。到底小沐怎麼了？為什麼會討厭畫圖和做勞作呢？明年就要上小學了，會不會就此討厭寫作業呢？

＊＊＊

「掌內操作」是指可以獨立使用五隻手指頭不需要額外協助，就能將手掌內的小物品調整到適合操作位置又不會掉落到地面的能力。如果要有這樣的能力，孩子的單手必須要同時擁有「固定物品」與「移動物品」的能力。掌內操作在執行上，五隻手指頭必須分別負責兩組動作，拇指、食指、中指負責動態的操作，無名指和小指負責靜態的穩定。

就像是我們要投自動販賣機，右手握有三到四枚硬幣，左手剛好拿著東西，我們依然可以用右手的拇指和食指將硬幣移到指尖，再將硬幣投入投幣孔中。這樣的掌內操作技巧是孩子日後書寫時，可以有效運筆與寫字的基石。

如果孩子掌內操作不好，寫字就會像是寫書法，不是倚仗手指動作，而是靠前臂動作，這樣的書寫效率相對就慢。

認識掌內操作不佳的可能原因

原因①　手腕力量不佳

我們非常注重孩子的手指靈巧度，卻忽略手腕穩定度。事實上，手腕穩定度才是所有精細動作的基礎。如果孩子手腕力量不足，就會出現倒鉤寫字的情況，當然在精細操作上就會受到影響。手腕力量不佳的孩子，寫作業時還會出現寫字忽大忽小的情況。培養手腕力量並不是讓孩子坐在桌前練習，而是要在牆上、畫架等垂直平面練習。

原因②　手弓穩定不佳

扁平足是孩子踩在地板上，腳板整個平平地貼在地面上，沒有足弓的曲線。我們的手上也有相似的構造，叫做「手弓」。當你給孩子一堆糖果，孩子必須要拱起手掌內的肌肉群，變成一個暫時的碗承裝這些糖果。當手掌彎曲呈現一個碗狀，依靠的就是我們的手弓，因為手掌有這樣的弧形，大拇指才能靈巧動作。手弓過於扁平時，大拇指的動作就會受到限制，當然也就沒辦法有效率的操作物品。

原因③ 手指分節不良

除了用手掌抓握拿起物品之外，我們還需要一個非常重要的能力，就是比出手勢的動作。像是可以比出一二三四五的手勢，這樣的能力被稱為「手指分節」。孩子可以隨心所欲地控制自己的手指頭，各別做出想要的動作，才能靈巧地操作物品。陪著孩子玩「剪刀石頭布」或「比一二三四五」的小遊戲，都是非常好的練習。

手指靈巧度最好的練習，就是讓孩子自己吃飯。孩子自己吃飯時，拿著湯匙、筷子，就是在練習自己的手指動作。如果我們一口一口餵孩子吃飯，無形中剝奪孩子正常的練習機會。當孩子四歲以後，請爸爸媽媽多點耐心，不要再餵孩子吃飯。

在家玩起來

硬幣大挑戰

❶ 準備兩個撲滿，四十枚十元硬幣，平均分配給兩個人。

❷ 比賽前先帶著孩子練習，將三枚硬幣放在孩子的掌心，鼓勵孩子用單手將硬幣移到指尖，再投進撲滿的投幣口中（盡量小心不要讓硬幣掉下去）。

❸ 當孩子熟練硬幣都不會掉下之後，就可以開始跟孩子比賽。

❹ 比賽規則很簡單，一次拿三個硬幣放在手掌中，用單手將硬幣放到撲滿裡。投完後，可以再拿三枚硬幣，先投完十二枚硬幣者就是贏家。

透過遊戲與競賽過程，增加孩子的動機，更能讓孩子願意配合練習。玩遊戲時要讓孩子有輸有贏，孩子才不會因受挫而抗拒不願意練習。如果覺得硬幣很髒，擔心上面的細菌，爸爸媽媽可以改用玩具店買得到的塑膠硬幣。

延伸遊戲

光光老師專注力親子互動遊戲卡
遊戲 38「畫出我的小心情」（4Y+）

光光老師專注力小學堂

孩子討厭畫圖、做勞作，若是由掌內操作不佳引起，會讓孩子因為沒辦法有效率運用工具，無法從活動中獲得樂趣。除了掌內操作不佳，「觸覺過度敏感」可能也是孩子不愛畫圖、做勞作的另一個原因。

有些孩子觸覺過度敏感，會討厭黏黏的感覺，所以不喜歡做勞作。對於膠水、白膠會產生情緒，導致孩子抗拒參與勞作活動。

可以多讓孩子玩沙、玩水、玩黏土，透過給予更多的觸覺刺激，幫孩子降低觸覺敏感度，抗拒的心就會漸漸改善。

behavior 行為 55

好容易當機
缺乏動作計畫力

小如是一個乖巧的小孩，平常只要大人說什麼，多數都會乖乖配合。最近的她讓老師有點傷腦筋，碰到新事物時，全班的小孩都開心地想躍躍欲試，只有小如定在原地完全不動，一定要老師過去幫他才可以做完。明明平常都好好的，難道是小如很膽小嗎？但又不像，因為平常小如和同學互動也都有說有笑。為何一碰到新的事情，小如就會發呆呢？

＊＊＊

碰到新的活動，大腦必須在既有資料庫中提取過去的經驗，將這些舊經驗拆解，再重新的排列組合，變成一個可以執行的計畫。

就像玩樂高積木一樣，如果孩子常常玩，要做一台全新的挖土機時，會拿坦克車的底盤、卡車的車頭、吊車的吊臂，再加上一點點的組合就可以完成，這樣的組裝速度會比重頭開始快速許多。

如果孩子在組織計畫有困難，遇到新任務時會因為無法有效率重組，就會出現呆住不動的情況。這並不是孩子膽小容易緊張，而是無法自行組織計畫，才會讓大腦當機。這時你會發現，孩子往往會一直看著別人做，站在原地一動也不動，直到看完別人組合的過程，才會開始執行動作。

動作計畫不是與生俱來的，需要經驗累積

原因① 肌肉張力較低

肌肉就像是身體的衣服一樣，肌肉張力高就像是穿著緊身衣，肌肉張力低就像是穿

著寬鬆的T-shirt。如果穿著衣服放進一顆球，你覺得穿哪一件衣服比較能感覺到球在哪裡？鐵定是緊身衣不是嗎？如果孩子天生肌肉張力比較低，當然就不容易察覺自己的手腳位置，導致要做計畫動作時出現困難。對於這樣的孩子，要協助他養成固定的運動習慣，讓肌肉漸漸變得有力量。

原因② 身體形象不良

隨著孩子愈來愈能察覺自己的肢體動作，就會在大腦中畫出一幅具有身體「形象」的圖樣。透過這個內在圖像看到別人動作時，就可以立即模仿出來。如果孩子的身體形象沒有建立好，動作模仿時，就需要不停地看向別人，再看自己的姿勢是否一致，速度與準確性也就會比較不好。孩子透過玩鑽山洞、爬攀爬架等需要鑽來鑽去的活動，漸漸了解自己身體的大小，逐漸掌握自己身體的範圍。身體形象在孩子突然長高時，會因為大腦一時無法習慣，出現暫時性的退步，這時就請爸爸媽媽多給孩子一些時間。

原因③　順序概念不佳

順序概念不佳是指對於指令的記憶沒有問題，但是常常會遺忘順序，致使執行出現錯誤。生活中有些事情沒有順序需求，例如：拿三個物品過來，這只需要記憶，而不需要順序。但是有些事情卻不是如此，例如：排出紅、黃、綠三個顏色，如果你排成綠、黃、紅，那就不正確。有些孩子在順序記憶上有困擾，聽從指令後，常會搞錯順序所以無法完成活動。這時可以讓孩子使用覆誦指令的方式，增加其對順序的記憶。多讓孩子練習串珠珠等需要重複一定順序的遊戲，也可以幫助孩子培養順序概念。

過去孩子的玩具很少，空閒時間很多，常常需要自己創造遊戲。現在孩子的玩具很多，每一個都有標準的玩法，孩子太習慣看說明書、聽指令，卻懶得動動頭腦，去計畫組織一個遊戲。

孩子天生就喜歡創造與改變。經由不斷修正與調整遊戲，從中學會如何組織與計畫。五歲正是動作計畫發展的高峰期，請爸爸媽媽收起我們想要教孩子的衝動，多等待一點時間，讓孩子有機會自己動動腦。讓孩子常常動腦，碰到新問題時，才不會讓大腦當機。

在家玩起來

跟我一起這樣做

❶準備兩張小椅子，面對面擺好，一人坐一張。

❷先讓孩子練習模仿你的動作，當你左手舉起來，請孩子舉起右手，就像是鏡子一樣。先隨意做三、四個動作，看孩子可不可以完成。如果可以，就開始進行遊戲。

❸請孩子跟著一起大聲說：「請你跟我這樣做」，然後爸爸媽媽做一個動作，讓孩子模仿。漸次增加一個動作，看看孩子最後可以記得幾個動作。

如果孩子在動作模仿時出現困難，可以找一面大鏡子，讓兩人都面對鏡子做動作，透過鏡子提供的視覺回饋，幫助孩子察覺自己身體動作。等到孩子百分之百成功後，再回來進行遊戲。

延伸遊戲

光光老師專注力親子互動遊戲卡
遊戲47「料理好幫手」(5Y+)

光光老師專注力小學堂

五歲的孩子最喜歡創造一些稀奇古怪的新遊戲，要求別人陪他玩。但常常會前面才說要這樣玩，然後又改變遊戲規則。這不是孩子愛調皮搗蛋，也不是破壞規矩，而是在練習做動作計畫。只是孩子的技巧尚未成熟，無法一次訂定好規則，常會碰到需要修改的情況。

孩子在創造遊戲的過程，就是在練習動作計畫，並且學習解決問題。爸爸媽媽可以順勢點出遊戲裡的小問題讓孩子練習解決。

如果這個年齡的孩子過度乖巧，只想聽從別人指令，當一個乖乖跟隨者，不願意嘗試創造，爸爸媽媽反而要多加注意，鼓勵孩子多多練習。

behavior 行為

56

上課愛講話 感覺調節比較弱

小慧是一個機靈的小女生，動作靈巧不說，反應也非常快，幼兒園老師特別喜歡她。進入小學以後卻出現了麻煩，小慧上課容易分心，常常和旁邊的同學說話。老師問她時，她都可以對答如流，但是旁邊的小朋友卻被她干擾到不能上課。學校的老師頭痛不已，一再地寫聯絡簿向爸爸媽媽反應，究竟小慧為什麼會變得如此容易分心呢？

＊＊＊

感覺處理的過程中，感覺刺激並非直接傳遞到大腦皮質讓我們察覺，而是先在腦中做出調節，將需要注意的資訊放大，不需要注意的資訊縮小，最後才傳遞回大腦皮質。因此我們才可以過濾環境中的雜訊，心無旁騖的專心做事情。

感覺調節比較弱的孩子容易被干擾，出現分心的情況。孩子對於細小的刺激通常較敏感，很多時候大人不易察覺的刺激，孩子的大腦也會感受到，會不由自主地想要去注意，表現出容易分心的外顯行為。

臨床上曾經碰過觸覺過度敏感的孩子，甚至可以察覺到後面小朋友在擦橡皮擦的震動，每當出現震動感應，就會一直想要轉頭看看同學在做什麼。這時協助孩子最好的方式不是責備，而是幫孩子換到適當的位置，讓後面坐一個相對較「安靜的同學」。

孩子感覺調節不佳的可能原因

原因① 感官過度敏感

幼兒時期若缺乏感覺經驗，長大後對於感覺刺激容易過度敏感。就像是麥克風的靈敏度設定太高，有一點點刺激都會出現雜訊反應。大腦無法有效率的過濾雜訊，就容易受到環境干擾出現分心的情況。這時需要幫孩子做感覺減敏，降低敏感度後孩子才能專心。就像是一個人很怕吃辣，要循序漸進地在每次用餐時一點一點的加些辣椒，讓他漸漸習慣，也就不會那麼敏感。如果孩子對於聽覺很敏感，就不要再把他放在安靜的房間裡，而是引導孩子學習樂器、唱遊等活動，透過練習讓他漸漸降低對聽覺的敏感度，自然也就可以抵抗外在干擾了。

原因② 爸爸媽媽過度保護

有些爸爸媽媽對於孩子過度保護，衣服特別挑選，不是純棉的不穿，衣服上會讓人有刺刺感的標籤都要剪掉，所有物品都給予最好的，家事也不用做。過度保護下，忽略了孩子自己動手做中可獲得的觸覺經驗。孩子生活中如果一切都是光滑的，未來只要有一點點粗糙，就會讓他不舒服。「豌豆公主」活生生出現在現代，只要環境稍微複雜一點，分心自然免不了。

原因③ 生活作息不規律

在學校必須要依照課程，適當地調整自己的「清醒度」。例如：數學課時大腦要最清醒，國語課次之，午休時間可以降到最低。午休時間孩子若愛聊天，不是他不乖而是大腦還太清醒。因為大腦太清醒，所以會覺得無聊，太無聊自然就想要找事情做，當然會讓老師頭疼。幫孩子訂出時刻表，協助調整常規與作息，自然可以減少被責備的頻率。

孩子透過與環境互動獲得的感覺回饋，發展出良好的感覺調節能力。隨著生活型態的改變，現在生活視覺刺激太多，觸覺刺激卻顯貧乏，導致許多孩子在觸覺方面過度敏感，學習時出現分心的情況。這時請先不要責備孩子，而是幫孩子增加感覺經驗，讓他降低敏感度協助他找回專心。

在家玩起來

洗刷刷

❶ 準備一顆觸覺球。
❷ 用滾動的方式，幫孩子的雙手和背部按摩。
❸ 每個部分各做三十至五十次，一天三個循環。

對於非常敏感的孩子，前幾次玩這個遊戲，若出現抗拒的情況，請先不要強迫他。而是改由孩子幫爸爸媽媽刷，讓孩子先知道觸覺球是無害的，再幫他刷就會比較順利。滾動觸覺球時，可以問孩子要重或輕、要快或慢，也會讓他比較願意練習。

延伸遊戲

光光老師專注力親子互動遊戲卡
遊戲49「捏麵團囉」(5Y+)

光光老師專注力小學堂

孩子上課容易分心喜歡講話，還有可能是下列兩種因素，爸爸媽媽也必須要知道喔！

第一種是「已經學過了」。如果只有在特定課程才會出現愛聊天的情況，有可能是課程的內容已經學過，表現出興趣缺缺感到無聊的樣子。讓孩子補太多習或超過學校進度太多，是孩子上課變得愛講話的原因之一。

另一種是「我有新禮物」。孩子帶玩具到學校，主要目標不是玩玩具，而是想要和同學分享。當孩子買了一支全新的鉛筆，換了一個新的鉛筆盒，擁有最流行的卡通吊飾，都是孩子們聊天的媒介。若常讓孩子帶太多新玩意到學校，有可能讓他被貼上「愛說話」的標籤喔。

behavior 行為 57

我行我素 不遵守社會規範

小軒是一個個性很急的小男生，常常跑來跑去一刻都等不住。如果說他不專心，似乎也不是如此，常常一做起事就停不下來。讓人困擾的是，小軒好像都不聽指令，一味做著自己想做的事。在家裡倒還好，但是在學校就有大麻煩。當同學們還在做勞作時，他卻自己跑到旁邊拿書看，沒有參與團體活動。就算是已經提醒他好多次還是一樣，真是讓爸爸媽媽和老師傷透腦筋，究竟是為什麼他會出現這種不守規矩的行為呢？

＊＊＊

人與人互動的過程中，必須要注意到「隱藏規則」。這些規範往往不需要額外說明，大家都會去遵守與配合。像是等待別人一起做完，才可以做下一件事情；溜滑梯要排隊，玩玩具要輪流；上課時不可以吃零食等，都是不需要提醒，就會主動配合的事情。

如果沒有事先培養這些規範，孩子就會我行我素、不聽指令。這並不是孩子不配合，而是習慣沒有養成。對孩子而言，訂下的規則太多，孩子反而很難配合。引導孩子時要協助減少規則，先幫助他一步一步養成好習慣，再每個月增加一個新規則，漸漸地孩子就會愈來愈配合。

導致社會規範不佳的可能原因

原因① 等待機會少

請爸爸媽媽先想想，到了用餐時刻，你是自己先吃飯，還是孩子先吃？過去較為權威的時代，孩子總要等到爸爸回家，全家一起坐在餐桌前才會開始用餐，每天吃飯都會練習等待。現代的孩子總是寶貝，常常是先餵飽孩子才輪到大人吃飯。孩子在學校我行我素，不是他故意不聽話、不配合，而是從小沒有練習過等待，進入團體生活中自然會出問題。從現在開始，在家裡給孩子點心時，請讓孩子先讀秒，從一數到三十後才給他，幫孩子漸漸培養等待的美德。

原因② 輪替概念弱

學會輪流的前提，就是大家想要的東西只有一個，當別人正在使用時，其他的人就必須等待。如果家裡只有一個孩子，所有東西都是他一個人的，當然不需要輪流。即便家裡有兩個孩子，爸爸媽媽擔心不公平，買東西依舊一人一個，而且兩個人還一模一樣，自然也不需要輪流。學校團體生活卻不是如此，很多活動都必須輪流，缺乏輪流概念的孩子就會出現等不及的表現，或是輪到他了卻不知道，當然也就會出錯。當孩子四歲時，可以跟他一起玩桌遊、棋類的活動，讓孩子學習輪流出牌，在團體中也就比較不會出槌。

原因③ 太自我中心

孩子在一歲半至三歲時，自我概念開始萌芽，慢慢會發現自己與別人的差異。四歲時，可以清楚察覺他人的想法。但是部分孩子由於自我概念不夠成熟，無法了解自己與他人的差異，就會出現過度以自我為中心，認為別人想的都跟他一樣，而出現我行我素的行為。這樣的表現通常是爸爸媽媽太順從孩子，凡事都讓孩子做決定。爸爸媽媽是孩子的引導者，不應該所有事都順著孩子，這樣會讓孩子搞不清楚狀況，甚至在社交互動出現障礙。

不要擔心拒絕孩子會讓孩子傷心。爸爸媽媽是孩子與社會之間的接著劑，給予孩子安全感與規範，才能讓孩子學會如何與他人相處，讓孩子既可以保護自己也不會傷害他人。如果孩子凡事都只想到自己，等到青春期時，究竟是你要聽他的，還是他要聽你的呢？

在家玩起來

關鍵十秒鐘

❶準備一支馬表（或是智慧型手機上的「馬表APP」）。

❷輪到孩子時，請他先閉上眼睛，按下馬表開關，在心裡默數十秒，再按下開關。

❸大家輪流做一次，比比看，誰的時間最接近十秒，就是贏家。

最初可以教孩子念「一千零一、一千零二、一千零三……」，透過念出來，孩子會比較容易成功，等到熟練後再改成默數。當孩子們都可以完成後，就可以變成二十秒或三十秒，會更有挑戰性喔！

延伸遊戲

光光老師專注力親子互動遊戲卡
遊戲42「翻翻大贏家」(4Y+)

光光老師專注力小學堂

孩子只想到自己，老是我行我素，也可能會是下列兩個原因導致：

第一種是「聽覺理解不佳」：很愛說話並不代表很會聽話。對指令的理解較弱，也很容易被誤認為是我行我素。

第二種是「挫折忍受度差」：太在乎輸贏，得失心太重，害怕自己表現不佳而導致情緒波動，也會出現類似我行我素的行為。

behavior 行為

58

搞不清狀況 察覺不到環境改變

小品是一個有趣的小男孩，很喜歡逗人開心。少根筋的他，常常搞不清楚場合，有時會做出一些讓人啼笑皆非的行為。明明就是嚴肅場合，還在說笑話；明明就是輕鬆場合，卻又完全一動也不動。全班都已經開始收書包準備回家了，就看到小品一個人還坐在那裡，一動也不動的。直到老師叫他，才急急忙忙地把所有東西塞到書包裡。究竟是為什麼，小品老是搞不清楚狀況呢？

＊＊＊

「情境察覺」是指情境轉換時，可以立即覺察並且調整行為，以符合社會期待的能力。就像是上課鐘聲一響，就要收起下課遊玩的心情，轉變成乖乖坐好；或是課堂小遊戲結束後，就要收起嘻鬧的態度認真聽講。不需要他人的提示，可以察覺環境改變的細節，了解目前的情況。

情境察覺比較弱的孩子，往往不是發呆而是察覺太慢。沒有人提醒他，就一直卡在原來的情境下，當然就會常常表錯情。如果又同時伴隨語言表達不佳，就很容易被誤認為是故意搗蛋。天兵的孩子不是故意狀況外，其實是他卡住了。這樣的孩子，在情境轉換時可以幫他安排一個小幫手，給予適當提醒狀況就能有所改善。最好的方式，當然是幫孩子找出原因，從根本上讓孩子改變。

情境察覺不佳的可能原因

原因① 時間觀念較弱

四歲時基本上可以分辨「昨天」「今天」和「明天」，但是對於一個星期後的時間還無法理解。等到六歲時，可以分辨星期一、星期二……，開始有一週的概念。如果孩子時間概念較弱，常常會搞不清楚今天是星期幾、要做什麼事、要上什麼課，表現出來的就是搞不清楚狀況。當孩子大班以後，請不要幫孩子做太多事，讓他試著整理自己的書包，就是最好的練習。

原因② 周邊視野較窄

相機鏡頭如果有廣角，要拍團體照就很容易，不用一直往後退調整角度。我們的眼睛也是如此，周邊視野可以察覺的範圍愈廣，也就愈容易收集到環境中的訊息。和我們想像不同的是，周邊視野主要負責的是「移動物品」，孩子在幼兒期如果移動經驗不足，周邊視野的練習也就比較少，在環境轉換時也就容易搞不清楚。多讓孩子去騎腳踏車，透過移動時周邊物品產生的視覺刺激，幫助孩子漸漸增加周邊視野。

原因③ 觀察能力不足

孩子有無窮盡的好奇心，就連路上的螞蟻、街上的人孔蓋，都可以看好久。孩子不是找麻煩，也不是拖時間，而是在練習觀察。我們太習慣拿著書本教孩子，孩子也習慣被教導，結果反而愈來愈懶得用心觀察。由於觀察能力不夠，雖然眼睛有看到但都沒有看懂細節，當然也就無法獲得充分訊息協助他分辨情境。帶著孩子多觀察街邊的事物，像是路邊的小花、樹上的小鳥、牆上的招牌等，幫孩子在日常生活中培養觀察的能力。

從書本上學到知識，能運用在生活裡，才是真正得到的智慧。觀察力是情境察覺的基石，多帶著孩子觀察身邊的事物，引導發掘身旁的小細節，就是培養孩子的情境察覺。這些都不是透過書本、教導而學習，靠的是日常生活中漸漸累積的能力。五歲階段的孩子看到什麼都想問，請多點耐心回答孩子，那正是他觀察力萌芽的象徵。

在家玩起來

哪裡怪怪的

❶準備相機和一支放大鏡。

❷拍一些不符合常理的照片，例如：餐桌上將筷子換成鉛筆；一籃水果裡放進一顆網球；用麵條將便當盒綁起來；在放內衣的抽屜裡放進鞋子；水杯中放進一隻小金魚。

❷將準備好的照片和放大鏡交給孩子，讓他找出照片裡怪怪的地方。誰最快找到，就可以得到一張「稀奇古怪」的照片喔！

拍照時不需要特寫，可以拉遠一點，多增加一些訊息內容，這樣會比較有趣。生活中如果看到哪裡怪怪的，爸爸媽媽也可以先賣關子，不要立即說出來。像是腦筋急轉彎一樣，考考孩子能不能發現「哪裡怪怪」？

延伸遊戲

光光老師專注力親子互動遊戲卡
遊戲44「農場趣味拳」(5Y+)

光光老師專注力小學堂

一百公分高的孩子，看待世界的角度和我們大人是不一樣的。請不要用大人的情境察覺能力，去要求孩子配合。在每次情境轉換時，加入一個固定儀式幫助孩子察覺改變。

固定儀式聽起來好像有點複雜，其實做起來非常簡單。國小時，每節上課前班長都要說:「起立、立正、敬禮」，這就是我們最常見的固定儀式。透過做一系列的動作，讓孩子察覺到情境改變了，要收起嘻鬧的心，準備開始上課。

藉由固定活動，讓孩子感受目前的情境，才能做出適當的行為。運用一些小技巧，幫助孩子更清楚察覺情境改變，他當然也就更容易配合了。

behavior 行為

59

不會看臉色 無法同理他人的心情

小儒是一個天真的孩子，活脫脫又似一個大聲公，講話超大聲，只要有他在就一定很熱鬧。逗趣的他有個小問題總讓爸爸媽媽很頭痛，就是他完全不會看臉色。體育課時，老師要大家撿球，同學還在聊天。老師不高興地說：「是用手撿？還是嘴撿？」全班都安靜下來乖乖撿球，突然聽到小儒大喊：「用嘴巴吸？」搞得全班大笑起來，小儒還一臉得意洋洋的表情，完全沒發現老師已經氣炸了。為什麼小儒就是不會看臉色，老是惹老師生氣呢？

***

「情緒理解」是可以了解別人的情緒，並且從周邊線索中推理出情緒產生的原因，進一步做出適當的反應。可以理解情緒產生的原因，才能察覺別人的感受，這也是同理心的基礎。具有同理心，進而學會尊重別人而不會冒犯別人。研究顯示，孩子若有兄弟姐妹，在情緒控制方面會有較多的練習機會，發展比較好。

如果孩子情緒理解能力比較弱，雖然知道他人正在生氣，卻不知道生氣的原因，當然也就不知道如何解決。這時千萬不要使用硬碰硬的高壓處罰方式，往往會讓孩子誤以為只要「生氣」就可以解決問題，反而會讓孩子的脾氣愈來愈大。

情緒理解能力差的可能原因

原因① 眼神注視不佳

在表達情緒時，我們不會將心情一直放在臉上，而是會有一個極為短暫的「預備表情」，大約停留在臉上一到兩秒鐘，那才是我們的真實情緒。就像是孩子惹我們生氣，我們會先皺起眉頭，然後深呼吸再掛上微笑說：「我好好地和你說。」請問你是在皺眉頭的生氣，還是開心的微笑？如果孩子說話時，老是不看你的臉，就很難察覺到這個細節的變化，因為無法正確分辨情緒，結果就被處罰了。和孩子說話時，一定要提醒孩子看著大人的臉，養成習慣就可以減少不必要的衝突。

原因② 同理心未成熟

當我們看到別人跌倒受傷時，大腦的鏡像神經元會被誘發疼痛感覺經驗，自然就會覺得需要安慰對方。部分孩子因為感受與眾不同，對於疼痛的承受度超高，因此看到別人跌倒時，沒有興起感同身受的同理，不但不會去安慰別人，甚至還會哈哈大笑。爸爸媽媽不要覺得孩子是幸災樂禍而責備孩子，而是要引導孩子察覺對方的心情，感覺他人的感受。當孩子可以理解別人的感受後，同理心也就會漸漸發展出來。

原因③ 因果關係不佳

由於孩子對於自己做的事情，無法預期可能會衍生哪種結果，因此沒辦法立即判斷情緒發生的原因。常常出現倒因為果的情況，不清楚別人為何會有情緒，當然也就不知道為何對方會這麼生氣，甚至會出現覺得自己被誤會而亂發脾氣的情況。爸爸媽媽要做的不是責備孩子為何亂發脾氣，更不是執著在誰對誰錯，而是幫孩子釐清事情發生的順序，協助孩子判斷正確的因果關係，讓孩子發現自己忽略的細節。當孩子知道大家都是為他好，而不是在責備他，自然能在被愛與信賴中，學會如何理解自己與他人的情緒。

感受他人情緒的能力不是與生俱來的，需要透過學習才能具備。我們常常誤認為情緒發展最重要的就是表達情緒，卻忽略情緒理解的重要性。現在的孩子愈來愈會表達自己的情緒，卻無法理解別人情緒，致使在與他人的互動中出現衝突。帶著孩子學習觀察別人情緒，了解情緒背後的原因，比教導孩子如何表達情緒更為重要。

在家玩起來

抽鬼牌

❶適合五歲以上的孩子，三個以上的玩家。
❷先準備一副撲克牌，抽掉一張鬼牌。
❸將撲克牌依照順序，分給每一個玩家。抽到兩張數字相同的撲克牌，就可以拿出來放在桌上。
❹從年紀最小的玩家開始，從上一家的牌中抽一張撲克牌。如果有兩張數字相同的，就可以拿出來放在桌上，再輪到下一個玩家。
❺大家輪流抽牌、出牌，直到最後剩下一張鬼牌的就是輸家。

要從對方牌中選牌時，如果選中鬼牌，對方會不小心露出一絲絲笑容，那鐵定就要換一張。如果有人抽牌後，突然出現驚訝或沮喪的表情，那可能就是他抽到鬼牌，抽他牌時就要小心一點。

延伸遊戲

光光老師專注力親子互動遊戲卡
遊戲13「動物們，開飯啦」(12M+)

光光老師專注力小學堂

孩子常常惹人生氣，不會看臉色，還有一種可能性，那就是「表情過度誇張」。不是表情愈多愈好嗎？表情豐富難道也會有問題？

表情與心情並不能完全劃上等號，有些孩子在表達情緒時過度誇張，真實情緒與表情情緒不一致，導致別人誤會他的情緒，結果產生情緒衝突。在反覆的情緒衝突中，孩子愈來愈困惑，也愈來愈搞不懂，別人為何會有情緒，當然也就難以理解他人情緒產生的原因。教導孩子減少誇張式的正確情緒表達，才能漸漸發展出良好的情緒控制能力。

在這裡另外提醒爸爸媽媽，夫妻之間難免會有爭吵，請記得盡量不要在孩子面前吵架，那對孩子情緒發展是非常不好的。

behavior
行為
60

翻臉輸不起
挫折容忍度不佳

小威是一個認真的小孩，做事一絲不苟，連玩遊戲也很認真，非常計較輸贏，贏了當然沒問題，輸了就天下大亂。不是很生氣說不公平，就是一直哭不停，搞得小朋友都不太敢跟他玩。明明就常跟小威說：「輸贏沒關係」，但是為什麼他就是聽不進去呢？

＊＊＊

美國哈佛大學羅伯特・布魯克斯（Robert Brooks）博士認為，挫折忍受度包含：

- 有效處理緊張和壓力，適應日常挑戰。
- 從失望、困境中復原，找出切合實際的目標解決問題。
- 與他人自在相處，尊重自己和他人。

若孩子擁有挫折忍受能力，當他面對逆境或失敗時，可以勇敢面對眼前問題，而不致造成情緒失控或行為失常，並且可以將不舒服的感覺轉換為克服困難的勇氣，從解決難關中獲得成長的能力。

挫折忍受度比較弱的孩子，因為無法調適自己的情緒，會出現生氣、哭鬧與逃避的行為。如果沒有適當引導孩子學會面對挫折，而是採取高壓手段壓抑孩子的情緒，會導致孩子變得悲觀，對所有事情都失去興趣。

挫折忍受不佳的原因

原因① 自我期許過高

孩子都是爸爸媽媽的寶貝，我們常會誇獎孩子肯定他的表現。若過度讚美，又不符合孩子的真實能力時，讚美可能從補藥變成毒藥。不符合事實的誇獎，會導致孩子自我期許過高，甚至超過自己能力所及，結果才一開始動手就從期望變成失望，反而增加孩子的挫折感。爸爸媽媽要記得「讚美一定要符合事實」，不憑空亂講，大方稱讚孩子的好行為，才會對情緒發展有正向幫助。

原因② 過度嚴格批評

挫折忍受度的發展，必須要以自信心做為基礎。也就是說具備自信的孩子，才能擁有克服困難的勇氣。如果爸爸媽媽過度嚴厲批評孩子，或是常常數落孩子的不是，翻舊帳責備孩子的弱點，無形間會打擊孩子的自信，孩子會變得愈來愈退縮，更不願意嘗試克服問題。在協助孩子發展挫折忍受度時，不是給予孩子大量的挫折讓他習慣失敗，而是先培養孩子的自信心，找出自己的優點才是最重要的。

原因③ 情緒控制不佳

挫折忍受度的練習，必須符合孩子的年齡發展。四歲以前，孩子的情緒控制能力尚未成熟，情緒波動時往往需要大人的安慰才能平靜下來。當小小孩因失敗而哭泣時，爸爸媽媽大大的擁抱會帶給他安全感，請給予孩子安慰讓孩子知道你會陪著他一起練習。等到五歲以後，爸爸媽媽就必須帶著孩子讓他變得勇敢，學習放手讓孩子自己調整情緒，請給孩子多一些時間和空間，讓孩子學習如何從失望、困境中復原，進而學會控制自己的情緒。

帶

孩子就像是放風箏。一邊迎著風拉緊線，風箏才飛得起來；一邊又要慢慢放，風箏才飛得高。陪伴孩子長大也是如此，細心呵護的同時，也要維持孩子的信心；大膽放手的授權，才能讓孩子學會克服困難。爸爸媽媽的任務，不是保護孩子一輩子，而是幫孩子做好準備，讓他可以面對、迎接未來的每一個挑戰。

在家玩起來

大富翁

❶五歲以上四個玩家一組。
❷準備一盒大富翁遊戲組。
❸選擇一位玩家當銀行，每個人各選一個代表顏色的棋子放在起點。
❹從年紀最小的玩家開始，滾動骰子看要走幾步。
❺遊戲結束，結算現金和土地，錢最多的就是贏家。

帶孩子必須要符合階段生理發展，五歲是孩子練習挫折忍受度的好時機，過早訓練可能會導致自信心不足。剛開始玩遊戲時，請盡量讓孩子是第一名或第二名，不要和孩子計較輸贏；玩過兩、三次後，就可以讓孩子變成倒數第二名，但絕對不要是最後一名。

延伸遊戲

光光老師專注力親子互動遊戲卡
遊戲43「撿紅點」(5Y+)

光光老師專注力小學堂

輸不起就翻臉，也有可能是下列兩個原因，爸爸媽媽請同步留意。

第一種是「分不出笑和嘲笑」：當孩子失敗時，常會因為別人的笑容，而誘發情緒反應。四、五歲的孩子很容易對他人情緒理解產生錯誤判斷，誤解別人笑容背後的原因，覺得自己受到欺負而生氣。這時請不要一開口就責備孩子，而是和孩子說明「開玩笑和嘲笑」之間的差別，才會有所幫助。

第二種是「分不出小事大事」：四歲的孩子，世界是「二分法」，只有對或錯兩種選項。失敗對他而言，就像是全盤否定他的人生，會出現哭鬧不止的情況。這時除了安慰孩子之外，還要教導孩子分辨事情的重要性，有些無關痛癢的小事要學會不計較。當孩子學會分辨之後，當然也就比較能控制情緒。

家庭與生活040

光光老師專注力問診室

滿足生理發展，破解教養關卡，向分心說再見！

作者　廖笙光（光光老師）
責任編輯　游筱玲
校對　張秀雲
插畫　黃鼻子
版型設計．美術設計　Today Studio
內頁排版　連紫吟、曹任華
行銷企劃　林育菁

發行人　殷允芃
創辦人兼執行長　何琦瑜
副總經理　游玉雪
副總監　李佩芬
主編　盧宜穗
資深編輯　游筱玲
版權總監　張紫蘭

出版者　親子天下股份有限公司
地址　台北市104建國北路一段96號11樓
電話　（02）2509-2800　傳真：（02）2509-2462
網址　www.parenting.com.tw
讀者服務專線　（02）2662-0332　週一～週五：09:00~17:30
讀者服務傳真　（02）2662-6048
客服信箱　bill@service.cw.com.tw

法律顧問　瀛睿兩岸暨創新顧問公司
總經銷　大和圖書有限公司　電話：（02）8990-2588

出版日期　2017年5月第一版第一次印行
2018年12月第一版第六次印行
定價　350元
書號　BKEEF040P
ISBN　978-986-94531-9-6

國家圖書館出版品預行編目（CIP）資料

光光老師專注力問診室：滿足生理發展，破解教養關卡，向分心說再見！／廖笙光著.
-- 第一版. -- 臺北市：親子天下，2017.05
面；　公分. --（家庭與生活；40）
ISBN 978-986-94531-9-6（平裝）

1.育兒 2.親職教育 3.注意力

428.8　106005799

訂購服務
親子天下Shopping｜shopping.parenting.com.tw
海外．大量訂購｜parenting@service.cw.com.tw
書香花園｜台北市建國北路二段6巷11號　電話（02）2506-1635
劃撥帳號｜50331356 親子天下股份有限公司

www.parenting.com.tw

對不起…
ㄅㄆㄇ?
ABC?

TOYS
對不起…

穿褲子
對不起…
ㄅㄆ
ㄇ?
A
B ?
C

TOYS
對不起…